フリーソフト

js-STARで
かんたん
統計データ分析

中野博幸・田中敏 [著]

技術評論社

本書に記載された内容は、情報の提供のみを目的としています。したがって、本書を用いた運用は、必ずお客様自身の責任と判断によって行ってください。これらの情報の運用の結果について、技術評論社および著者はいかなる責任も負いません。

　本書記載の情報は、2012年2月27日現在のものを掲載していますので、ご利用時には、変更されている場合もあります。
　また、ソフトウェアに関する記述は、特に断わりのないかぎり、2012年2月27日現在での最新バージョンをもとにしています。ソフトウェアはバージョンアップされる場合があり、本書での説明とは機能内容や画面図などが異なってしまうこともあり得ますので、ご了承ください。

　以上の注意事項をご承諾いただいた上で、本書をご利用願います。これらの注意事項をお読みいただかずに、お問い合わせいただいても、技術評論社および著者は対処しかねます。あらかじめ、ご承知おきください。

　WindowsはMicrosoft社の登録商標です。その他、本文中に記載されている製品の名称は、すべて関係各社の商標または登録商標です。

はじめに

　本書はフリーのデータ分析ソフト「js-STAR 2012（以下 js-STAR）」を用いて、アンケート調査などをすばやく統計分析し、レポートへと仕上げる方法を解説しています。js-STAR は、筆者のサイトから無償でダウンロードすることができます。しかも js-STAR は JavaScript で書かれているので、Windows でも Mac でも Internet Explorer などのブラウザがあればどこでも動かすことができます。パソコンを持っていれば高価な出費は必要なく、やる気さえあればすぐに分析をはじめられるのです。

　本書は、研究者やビジネスマンの方が、社会的なアンケート調査や顧客満足度調査へすぐ活用できるように、「度数の分析」をメインに扱っています（第2章）。その他よく使われる統計的手法についても、データ同士の関係をみるための「相関分析」（第3章）と、グループごとに差があるかどうかを見る「分散分析」（第4章）をカバーしました。
　例題として、筆者の職業である、教育現場における様々な事例を取り上げています。とはいえ教育関係者でなくても、多くの場面で応用でき、ヒントが得られるように工夫しました。

＊

　アンケート調査は毎日、さまざまな場所で行われています。テレビや新聞を見ていても、商品やお店、タレントに対する好感度調査や内閣支持率など、集計の数字をひんぱんに目にします。
　しかし、これだけ数字による調査結果が出回っているにもかかわらず、私のまわりでは「数字は苦手で……」とか「統計はよくわかりません」と答える人がほとんどです。「統計が得意です！」という人に会ったことがありません。それもそのはず、私たちは小学校入学以来、中学校、高等学校と算数・数学を何年間にもわたって勉強しているにも関わらず、統計学の中でも推測統計の分野は、ほとんど学ぶことがありません。大学に進

学しても、理論と技術をきちんと学ぶのは一部の学生だけです。

　遠い昔の話になりますが、私が大学で統計学を学んだ頃は、黒板に書かれたΣなどで表わされる数式を、ひたすらノートに書き写すというものでした。その数式が何を意味しているのかもよくわからず、テストになると苦しんだものです。教科書の練習問題を電卓で計算していても途中で入力ミスをしてしまい、最初から計算しなおすことも多かったように思います。その時の統計学の印象は、労力はかかるがそれに見合った結果はあまり得られない、というのが正直な感想でした。

　js-STAR は、そうしたユーザーの労力を極力省くために開発されました。ブラウザ版として公開されたのは1997年で、今まで多くの学生や研究者から利用されてきました。基本的な分析プログラムだけでなく、アンケート集計やクロス集計などのユーティリティも多数用意しています。コンピュータの操作が苦手な人でも使いやすいようインターフェースをシンプルにしつつも、多様な分析手法に対応するなど、機能面での妥協はしていません。

　これまで「統計はよくわかりません」と敬遠してきた方が、本書によってデータ分析の面白さに気づいていただけたら幸いです。

　なお本書では、それぞれの分析手法について、数式による説明はなるべく省き、一般的な言葉で説明しています。数式を用いた解説については別途、巻末にあげた参考書籍にあたっていただくことをおすすめします。

　本書で示されている例題は、筆者らの経験や様々な文献を参考に構成した、架空のデータです。また、js-STAR を実際に使いながら方法を学んでいただくために、データ数をなるべく少なくしています。調査するデータ数はこれで十分という意味ではありませんので、その点はご注意ください。それではさっそく、分析をはじめましょう！

2012年3月　中野博幸

目次

第1章 js-STAR を使うための準備

- 1-1 js-STAR の用意と実行環境 ・・・・・・・・・・・・・・・ 10
  - js-STAR を用意する ・・・・・・・・・・・・・・・ 10
  - js-STAR を動かすための環境 ・・・・・・・・・・・・・・・ 11
- 1-2 js-STAR の画面とその使い方 ・・・・・・・・・・・・・・・ 12
- 1-3 js-STAR が動かない場合の設定 ・・・・・・・・・・・・・・・ 14
  - JavaScript が動くようにする ・・・・・・・・・・・・・・・ 14
  - Internet Explorer7・8 で Q&A 入力を使用したい場合 ・・・・・・・ 16
  - コラム　開発言語 JavaScript が生んだ幸運 ・・・・・・・・・・・・・・・ 18

第2章 度数に意味のある差がついたかを調べる ― 度数の分析

- 2-1 度数の検定に関する基礎知識 ・・・・・・・・・・・・・・・ 22
  - まずは度数を集計する ・・・・・・・・・・・・・・・ 22
  - どのくらい差があれば偶然ではないといえるか ・・・・・・・・・・ 24
  - 統計的検定の流れ ・・・・・・・・・・・・・・・ 32
  - js-STAR でできる度数の検定 ・・・・・・・・・・・・・・・ 33
- 2-2 1×2 表における直接確率計算 ・・・・・・・・・・・・・・・ 34
  - 例題1　授業内容は改善したか ・・・・・・・・・・・・・・・ 34
  - 例題2　ハイがもう1人多かったら… ・・・・・・・・・・・・・・・ 39
  - 練習問題1　片側確率の変化を確認する ・・・・・・・・・・・・・・・ 41
  - js-STAR での計算結果を保存、印刷する ・・・・・・・・・・・・・・・ 42

2-3　1×2表における母比率が等しくない直接確率計算 …… 44
母比率不等で考えるのはどういう場合？ …… 44
例題3 A小学校のむし歯児童は全国と比べ多いのか …… 45
練習問題2 何を優先して取り組むかを考える …… 50

2-4　2×2表における直接確率計算 …… 51
例題4 女子は悩みが多いもの？ …… 51
連関係数 ϕ …… 56
オッズ比検定 …… 56
練習問題3 参加回数と満足度に関連は？ …… 58
例題5 歯磨きトレーニングの成果 …… 59
例題6 便利な携帯電話の裏側で …… 63
コラム　対応のあるデータではマクネマー検定 …… 68

2-5　大きい表に使うカイ二乗検定 …… 70
例題7 理数嫌いは本当に進んでいるか …… 70
例題8 3クラスでインフルエンザ罹患者数に差はあるか …… 74
練習問題4 寝つきのよさに学年間で差はあるか …… 80
練習問題5 男女間で好みの種目の割合に差があるか …… 81
js-STARでエクセルのデータを入力する …… 81
コラム　1×2表と2×2表以外の直接確率計算 …… 83

2-6　複数項目から有意差のある2×2表だけを自動出力 …… 84
js-STARで多項目アンケートを自動分析する …… 84
例題9 アンケートから新しい知見を探る …… 85
js-STARの単独集計ユーティリティと連携させる …… 89
例題10 アンケートで集計結果を眺めたのち、知見を探る …… 89
js-STARでクロス集計の分析結果を視覚化 …… 102
コラム　他ソフトとの連携で活きるjs-STAR …… 105

第3章 対応するデータの関係を見る ― 相関分析

- **3-1 相関分析に関する基礎知識** ……… 108
  - 相関 ……… 108
  - 散布図 ……… 108
  - 相関係数 ……… 109
  - 外れ値と曲線相関 ……… 110
- **3-2 相関の強さを数字でみる** ……… 112
  - 例題11 数学の得点の高い生徒は英語の得点も高い？ ……… 112
  - 相関係数の有意性検定 ……… 117
  - 練習問題6 国語の得点の高い生徒は数学の得点も高い？ ……… 119
  - 練習問題7 家庭学習時間とTVゲーム時間の関係 ……… 120
- **3-3 複数の項目から相関を調べる** ……… 121
  - 例題12 アンケートを相関行列で分析する ……… 121
  - js-STARで相関関係を視覚化する ……… 126
- コラム 学校評価アンケート ……… 128

第4章 複数のグループで平均に差があるかを調べる ― 分散分析

- **4-1 分散分析に関する基礎知識** ……… 130
  - 代表値 ……… 130
  - 散布度 ……… 132
  - 分散分析の考え方 ……… 136
  - 多重比較法 ……… 141
  - js-STARにおける分散分析のタイプと呼び方 ……… 142

- **4-2　1要因参加者間計画の分散分析** ……144
  - 例題13　どちらの学習方法に効果があるのか？ ……144
  - 練習問題8　レギュラーと控え選手に差はあるか？ ……150
  - 練習問題9　男女で数学テストの得点に差はあるか？ ……151
- **4-3　1要因参加者間計画の分散分析と多重比較** ……152
  - 例題14　一番効果がある学習方法はどれか ……152
  - 練習問題10　クラス間で得点に差はあるか ……159
- **4-4　1要因参加者内計画の分散分析** ……160
  - 例題15　補習の効果はあったのか ……160
  - 練習問題11　午前と午後における計算の速さの違い ……165
  - 練習問題12　宿泊体験で社会性は向上するか ……166
- **4-5　2要因混合計画の分散分析：主効果のみ有意** ……167
  - 例題16　再び、一番効果がある学習方法はどれか ……167
- **4-6　2要因混合計画の分散分析：交互作用が有意** ……174
  - 例題17　交互作用のある場合 ……174
  - 練習問題13　さらに別のデータで判断する ……182
  - 練習問題14　理科の3分野において男女の理解に差があるか ……182
  - コラム　恋愛と交互作用 ……184
- **4-7　2要因混合計画の分散分析：合成得点をみる** ……185
  - 例題18　合成得点を用いた例 ……185
  - 練習問題15　自然宿泊体験活動の効果を調べる ……191

参考文献 ……193
あとがき ……195
練習問題の解答 ……200
索引 ……206

第 **1** 章

js-STARを使うための準備

1-1
js-STARの用意と実行環境

　実際の分析に入る前に、まずはjs-STARを利用するための準備をしましょう。js-STARを使うのに最低限必要な知識と注意点について解説します。

js-STARを用意する

　js-STARを動かす準備をしましょう。js-STARはInternet Explorerなどのブラウザ上で動かします。
　具体的には、ブラウザを使って以下のURLにアクセスすれば、すぐにでも無償でjs-STARを利用することができます。

・書籍サポートサイトのjs-STAR 2012（技術評論社サイト内）
http://gihyo.jp/book/support/star
・筆者サイトのjs-STAR 2012
http://www.kisnet.or.jp/nappa/software/star/

　また、ローカル環境でjs-STARを動かしたい方のために、ダウンロード版のjs-STARも用意してあります。以下の筆者サイトからダウンロードすることができます。プログラムは圧縮されていますので、解凍後にフォルダ内のindex.htmをブラウザで開いて使用してください。

http://www.kisnet.or.jp/nappa/software/star/info/download.htm

　ただしダウンロード版においては、一部グラフを描く機能などについてはネットにアクセスできる環境が必要になりますので、ご注意ください。

js-STARを動かすための環境

　js-STARはJavaScriptで開発されているので、いろいろなOSやブラウザ上で実行することができます。ただしJavaScript自体には、ブラウザの違いによる、動作が違うなどの非互換の問題があります。

　js-STARは、本書発刊時点において、下表の環境で動作確認されています。ただし互換性やバグなどにより不具合が発生する可能性があることをご承知おきください。LinuxやiOS、Android環境でも実行できるとの報告がありますが、正式には対応していません。本書ではWindows7とInternet Explorer9.0の画面を使って解説しています。

▼ **各OSにおける動作確認済みバージョン**

OS / ブラウザ	Internet Explorer	Firefox	Opera	Safari	Google Chrome
Windows7	バージョン9.0	10.0	11.6	5.1	17.0
MacOS10.7	-	10.0	11.6	5.1	17.0

　最新の動作確認・バグ状況については、以下の筆者サイトを参照してください。

http://www.kisnet.or.jp/nappa/software/star/info/dousa.htm

1-2
js-STARの画面とその使い方

　js-STARのインターフェースとその機能を、分析の流れに即して説明します。例として分散分析（1要因参加者間）の画面を示しますが、他の分析手法やユーティリティでもほぼ同様のインターフェースです。

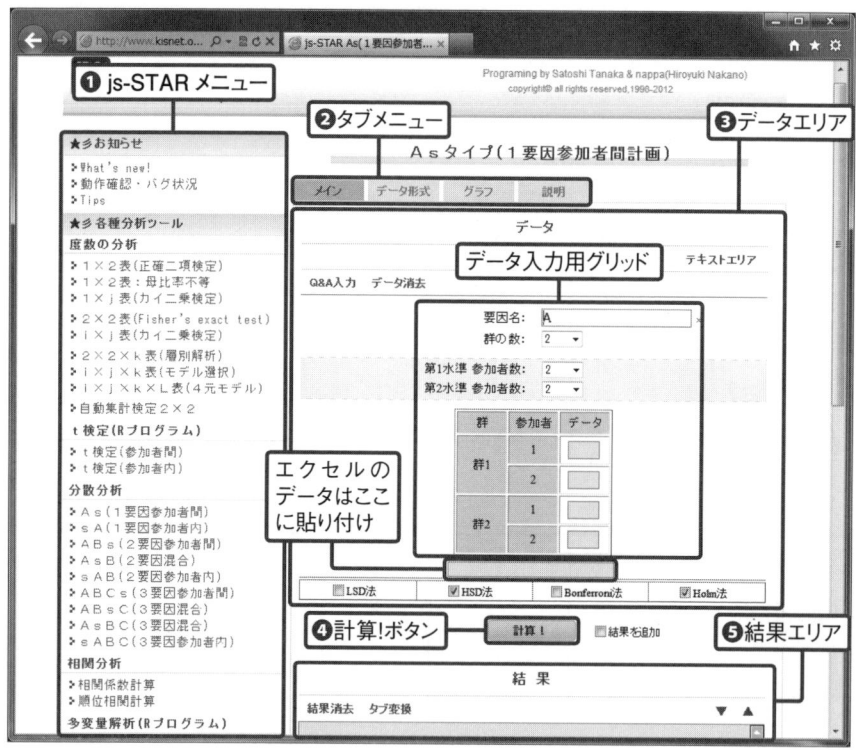

❶ js-STAR メニュー

　分析をはじめるには、最初にこのサイドメニューから、使用したい分析手法やユーティリティをクリックして選択します。すると右側のメイン画面がそのツールのインターフェースに切り替わります。

❷タブメニュー

　メイン画面の上部にはタブメニューがあります。タブには主に「メイン」「データ形式」「グラフ」「説明」のメニューがあり、各手法における下位のメニューとなっています。「メイン」がまさに分析のための画面です。「データ形式」では、その分析のためのデータの記述形式を示します。「グラフ」では分析結果をグラフで示し、「説明」では分析の手法に関する補足説明をしていますが、分析の種類によっては省略されているものもあります。

❸データエリア

　「データ」という見出しのある領域がデータエリアです。ここに分析したいデータを入力していきます。使用頻度の高い分析ツールにはグリッド形式のインターフェースが用意されており、本書では主にこの入力形式を用います。入力するグリッドが多くなるものは、エクセルのデータを貼り付けて入力できるボックスも用意されています（p.81 参照）。

　分析の種類によっては、データエリア下部にあるオプションで、結果出力の設定を行えます。細かい使い方については第 4 章以降の例題で解説します。

❹計算！ボタン

　データの入力を終えたら、このボタンをクリックして、分析結果を出すための計算を行います。「集計！」などと名前が変わる場合もあります。

❺結果エリア

　このエリアのテキストボックスに、分析の結果が表示されます。テキストボックスの上部には結果消去などのメニューがあります。

　このテキストボックスの内容をコピーして、レポートなどに転用します。

補足　テキストボックスの内容をコピーしたい場合は、コピーしたい内容を選択した上で、コンテキストメニューから「コピー」をすると便利です。コンテキストメニューは Windows の場合は右クリックで、Mac の場合は Ctrl ＋クリックで表示されます。

1-3
js-STARが動かない場合の設定

　ユーザーの環境によっては、js-STARの動作が不十分になる場合もあります。本節では想定される2つのケースを取り上げて、js-STARを動かすための設定について解説します。

JavaScriptが動くようにする

　多くのブラウザでは、初期設定でJavaScriptが有効になっています。しかし、JavaScriptを無効に設定している場合は、有効になるよう設定し直す必要があります。ここではInternet Explorerを例に説明します。

● **操作方法**

❶ Internet Explorerを起動し[ツール]→[インターネットオプション]を選択します。

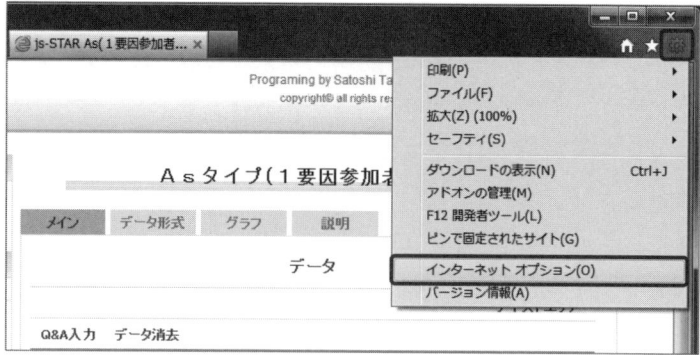

1-3 js-STARが動かない場合の設定

❷ セキュリティ設定を変更します。[セキュリティ]タブを選択し、セキュリティ設定で[インターネット]を選びます。[レベルのカスタマイズ]ボタンをクリックします。

❸ 「アクティブスクリプト」の項を[有効にする]に設定して、[OK]ボタンをクリックします。

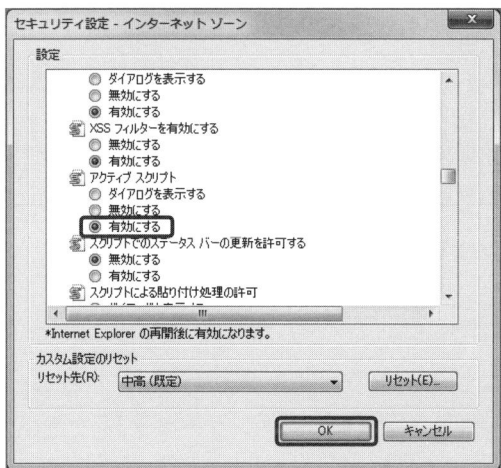

15

❹ [警告]画面が表示されたら、[はい]ボタンをクリックします。

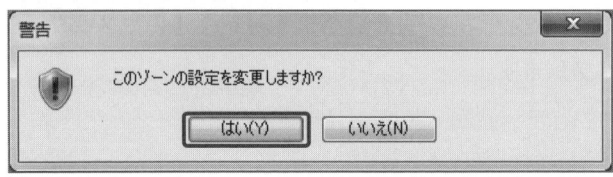

❺ 右端の[適用]ボタンをクリック後、[OK]ボタンをクリックします。
Internet Explorerの再起動後に設定が有効になります。

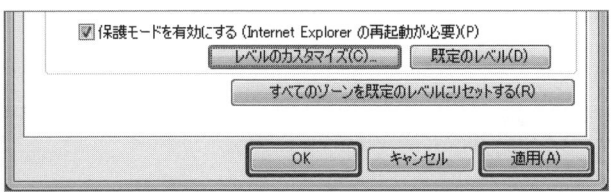

Internet Explorer7・8でQ&A入力を使用したい場合

　Internet Explorerのバージョン7・8では、ダイアログ表示を行うためのJavaScriptのprompt関数が、セキュリティ警告の対象になっています。そのため、js-STARのデータ入力補助機能である「Q&A入力」がうまく動作しません。Q&A入力を使用したい場合は、ダイアログが表示されるようにセキュリティ設定を変更する必要があります。

　以下にその手順を説明しますが、セキュリティ設定を変更するため、必ず自己責任においてご使用ください。この方法を使ったことによるいかなる損害があっても、筆者および出版社はその責任を負いません。

● **操作方法**

❶ Internet Explorerを起動し[ツール]→[インターネットオプション]を選択します。[セキュリティ]タブを選択し、[インターネット]を選びます。[レベルのカスタマイズ]ボタンをクリックします。

1-3 js-STARが動かない場合の設定

❷「スクリプト化されたウィンドウを使って情報の入力を求めることを Web サイトに許可する」の項を[有効にする]に設定して、[OK]ボタンをクリックします。以降は JavaScript を有効にする操作と同様です。

17

コラム　開発言語JavaScriptが生んだ幸運

　js-STARはブラウザが対応する限り、さまざまなOS上で動かすことができます。そんなjs-STARの元をたどれば、田中敏（信州大学）がMSXで作成したプログラム「STAR」がそのはじまりです。

　STARという名前の由来は「STatistical Analysis Rescuers（統計分析救難員）」から来ています。統計データ処理に悩む皆さんを少しでも救いたい！　そんな思いからつけられた愛称です。

　STARはjs-STARに至るまで、いくつかのバージョンが存在しています。最初に開発されたMSX版STAR、NEC PC-98シリーズのMS-DOS版STAR、IBM-PCのDOS/V版STAR、小川亮（富山大学）によって開発されたMac版STAR、そして中野博幸（上越教育大学）が開発しているJavaScript版のjs-STARです。

　js-STARは、以前までJavaScript-STARという名前だったのですが、最新バージョンを公開するに当たり、改名しました。理由はJavaScript-STARだと名称が長く、ユーザーが省略して、本来の名前であるSTARといわずに「Java」といってしまうことが多くあったからです。グラフ表示機能としてJavaScriptだけでなくFLASHも使うようになったこともあります。

　ならばいっそのことシンプルに、STARにしてしまえばよいのではないかと思われるかもしれません。しかし、それだとあまりに一般的な単語のために、ネット検索でうまくヒットさせることができません。そこでJavaScriptの文字を一部だけ残すことにしました。また、jとsにはもう一つの意味が隠されているのですが、おわかりになるでしょうか（ヒント：中野博幸と田中敏の所属）。

*

　js-STAR開発のきっかけは、Windowsへの移植を依頼されたことです。そのとき一番に考えたことは、より多くのプラットホームで動いてこそ、多くのユーザーから利用してもらえるだろう、ということでした。当時、

インターネットが普及しはじめており、Webページは様々なプラットホームで表示できることから、JavaScriptで開発できないかと考えました。

しかし、当時JavaScriptは「文字列を点滅させる」「背景色を変更する」など、Webページのちょっとした装飾に用いられることが多く、ソフト開発をするための言語というイメージはありませんでした。

それでも、JavaScriptを用いてシステム開発をしようと決断したのは、一冊の本との出会いがあったからです。それは『今すぐはじめるJavaScript』（松尾忠則・古籏一浩 著、インプレス）という本でした。

この本には、JavaScriptによるWebページ装飾の方法だけでなく、マウスクリックで遊べるいくつかのゲームが紹介されていました。ゲームというのは、ユーザー入力、判定、結果出力、グラフィックなどの、様々な要素が組み合わさってできているものです。私は、JavaScriptでゲームが作れるのであれば、システム開発もできるに違いない、と考えました。今思えば、素人の私だからこそ、決断できたことなのだと思います。

その後、JavaScriptの実装に絡んだブラウザのセキュリティホールが見つかったことや、意味のない装飾を多用したWebページが大量に公開されたことなどから、JavaScriptは厄介者のレッテルを貼られ、不遇の時代を迎えます。ブラウザのシェア争いのために、ブラウザが独自にJavaScriptの機能を強化したことも一因と考えられます。

しかし、2005年にAjaxが登場し、その価値が見直されることになります。そのことに大きく貢献したのが、GoogleマップなどのWebアプリケーションではないでしょうか。

国際的標準化団体であるECMA（European Computer Manufacturer Association）のもとでJavaScriptの標準化が進み、ブラウザごとの互換性の問題も減りました。各ブラウザは標準化に基づくJavaScriptの実装と処理速度を高めることを目標にしながら、バージョンアップを重ねています。

技術は時代とともに変化し、なくなってしまうものも少なくありません。いつの時代も、どのような環境でシステム開発をするのかは、大きな問題なのです。

第2章

度数に意味のある差がついたかを調べる
― 度数の分析

2-1
度数の検定に関する基礎知識

　この章では、一般的なアンケート調査においてもっとも有用な検定方法である、度数の検定を解説します。

　社会産業の現場において合理的に意思決定を行うなら、度数の検定はとても実践的な知識です。また学術的な研究においても、慎重な判断を行うためには検定の知識が欠かせません。度数の検定はすぐに活用することができ、しかもむりなく検定の考え方が身につけられるため、本書ではメインの内容として扱います。

　これからいくつかの具体的な例題を取り上げ、実際に js-STAR で分析しながら、統計的な判断の方法や結果の書き方について学んでいきます。

　そこで実際の例題に入る前に、度数の検定を行うにあたって最低限必要な知識を確認しておきましょう。

まずは度数を集計する

　そもそも度数とは何でしょう。**度数**とは、簡単に言えば、何かの数を数え上げたものです。数え上げたものを表の形に整理することで、分析に入ることが可能になります。

　具体例でみていきましょう。表 2-1-1 は、ある 1 組と 2 組における生徒のインフルエンザ罹患(りかん)状況を示したものです。また、表 2-1-2 は、1 組と 2 組における生徒のテストの得点です。これらが最初に得られる**素データ**です。

　表 2-1-1 と 2-1-2 のデータの違いは何でしょうか。表 2-1-1 のインフルエンザ罹患状況については、1 組、2 組それぞれで罹患している人数を数えて比べることができます。一方、表 2-1-2 のテストの得点については、1 組、2 組それぞれで平均点を計算し、比べることができます。

表 2-1-1 のデータのように、人数や個数といった、1つずつ数えられるデータを**離散量**といいます。表 2-1-2 のデータのように、得点や身長といった、連続した値として扱えるデータを**連続量**といいます。

本章で解説する度数の検定では、離散量のほうを扱います。連続量のデータを用いる検定については、第 4 章の分散分析（p.130）で扱います。

表 2-1-1 のインフルエンザ罹患状況のデータを表に集計してみます。1組、2組それぞれについて、罹患者と非罹患者を数え上げたのが表 2-1-3 です。このように度数を集計した表を**度数集計表**といいます。特に縦横にデータの属性別に集計したものを**クロス集計表**（分割表）といいます。

度数集計表に整理すると「1組のほうが2組より罹患者が多い」ことがみてとれます。

▼ 表2-1-1　1組と2組における罹患状況（離散量）

1組	状態	2組	状態
生徒1	－	生徒1	－
生徒2	－	生徒2	罹患
生徒3	罹患	生徒3	－
生徒4	罹患	生徒4	－
生徒5	－	生徒5	－
⋮	⋮	⋮	⋮
生徒31	－	生徒31	罹患
生徒32	罹患	生徒32	－
生徒33	－	生徒33	－
生徒34	罹患	生徒34	－
生徒35	－	生徒35	罹患

▼ 表2-1-2　1組と2組におけるテスト得点（連続量）

1組	得点	2組	得点
生徒1	89	生徒1	42
生徒2	32	生徒2	52
生徒3	45	生徒3	88
生徒4	67	生徒4	60
生徒5	80	生徒5	44
⋮	⋮	⋮	⋮
生徒31	78	生徒31	32
生徒32	63	生徒32	54
生徒33	54	生徒33	10
生徒34	92	生徒34	92
生徒35	87	生徒35	89

▼ 表2-1-3　表2-1-1を2×2の度数集計表にまとめた

	罹患者	非罹患者
1組	10	25
2組	6	29

どのくらい差があれば偶然ではないといえるか

　データを度数集計表に整理すると、疑問が浮かんできます。確かに表2-1-3をみると「1組のほうが2組より罹患者が多い」ようなのでした。しかしこれは何か特別な理由のためではなく、今回はたまたま、つまり「偶然」のために、1組のほうが多かっただけなのかもしれません。

　では一体どういう場合に「この差は偶然ではない」といってよいのでしょうか？　実際にはどんな場合であっても偶然の可能性は完全に捨て切れません。しかし、その差が生じることが確率的に「偶然にはめったに起きないこと」と判定できれば、「偶然ではない」と積極的に主張することができます。

　そこで、「偶然にはめったに起きないこと」の線引きを事前に決めた上で、偶然か意味のある差かを判定するのが**統計的検定**です。統計的検定には、これから説明する度数の検定以外にも、扱うデータの性質により、カイ二乗検定、F検定などの検定があります。しかしどの検定方法であっても、確率分布を考慮して、偶然にはめったに起きないことが起きたことを判定するという、統計的検定の基本的な考え方は同じです。

● 偶然にそれが起きる確率を求める

　「あるケースが偶然に起きる確率」について考えてみましょう。この確率のことを、偶然に出現する確率ということで、本書ではイメージのしやすさから**偶然確率**と呼ぶことにします。なお他の統計学の書籍ではこの確率を**有意確率、危険率**という用語で呼んでいますが、すべて同じ確率のことを指しています。いわゆる確率（probability）を示す **p値**です。

　ここでは正確二項検定による**直接確率計算**の方法で考えてみることにします。直接確率計算という名前は、近似ではなくて正確な確率を直接的に計算する、という意味から来ています（ということは近似で間接的な計算を行う方法もあるということですが、それはカイ二乗検定のところで解説し、ここでは深追いしません）。

次のような、アンケート調査について考えてみましょう。

> TVをみていると、「今までの料理方法にひと手間かけるとさらにおいしくなる」といった情報番組があります。カレーは国民食。自分流にいろいろと調理方法をアレンジしておいしいカレーを作っている方もいらっしゃるでしょう。よく知られているのが「一晩寝かせたカレーはおいしい」ということです。
>
> そこで、同じ料理方法のカレーで、作りたてのもの（A）と一晩寝かせたもの（B）を用意して、街角で20人に調査しました。2つのカレーを食べ比べて、おいしいと思ったほうにシールを貼ってもらいます。もちろんアンケート回答者には、どちらのカレーがどんな作り方をしたのかは、わかりません。
>
> 結果は、Aがおいしいと思った人は25％、Bがおいしいと思った人は75％でした。さて、ここで疑問がわいてきます。
>
> たった20人の調査です。20人の25％は5人、75％は15人です。人数の差は大きいようにも思えますが、小さいようにも思えます。
>
> やっぱり一晩寝かせたカレーはおいしい、といってよいのでしょうか？

この場合、20人中でAのほうがおいしいといった人は5人、Bのほうがおいしいといった人は15人です。これが意味のある差であって偶然の差ではないと主張するためには、こういう票の割れ方が、はたしてどのくらい偶然で起きることなのかを知りたいわけです。

これを1×2の大きさの度数集計表にすると、表2-1-4になります。

▼ 表2-1-4　1×2の度数集計表

Aがおいしい	Bがおいしい
5	15

さて、結果が完全に偶然に支配されていたとしたら、もっとも起きやすいのは半々の人数、AとBで10人ずつに割れるケースです。

Aの票が大きくなるケースについてはひとまず考えないことにしましょう。これがAとBで、9対11、8対12、7対13、6対14、5対15…とだんだんBの票が多くなっていくと、10対10のときに比べ、偶然確率としては

どんどん、めったには起きにくくなっていくはずです。

　前述しましたが、実際にはどういう票の割れ方をしても、偶然の可能性は完全には捨て切れません。しかし、「15人以上がBのほうがおいしいという確率」を調べてみて、この確率がまれなことであると判定できたら、偶然ではめったに起きないことが起きている、と考えられます。つまり「この差は偶然ではない」と積極的に主張することができます。

　なお、Bが15人きっかりの確率だけを調べるのでなく「15人以上」とするのは、より大きく偏るケース、つまりBが16人、17人、18人、19人、20人になる場合も勘定に入れないといけないからです。偶然にもっと偏るケースも含めて考慮してこそ、慎重な判断が可能になります。

● **偶然確率の計算の考え方**

　偶然確率の計算方法について考えてみましょう。とはいえ、やり方は普通の確率の計算と同様です。確率の計算方法をほとんど忘れてしまったという方のために、以下、かなり初歩的な説明を試みます。

　最初にもっとも極端なケースである、AとBで0対20に票が割れるケースを計算してみましょう。

　まずアンケート回答者がそれぞれAを選ぶかBを選ぶかは偶然によるとしますので、20人がAを選ぶのもBを選ぶのも確率は2分の1、とします。

　アンケートの1人目がBを選ぶ確率は2分の1、つまり0.5です。次に2人目がBを選ぶ確率も、2分の1です。となると1人目がBを選び、かつ2人目もBを選ぶ確率は、2分の1×2分の1＝4分の1、つまり0.25になります。こうして20人全員がBを選ぶ確率を考えると、0.5を20回かけて、0.0000009537となります。20人がAとBを自由に選んだときのすべての組み合わせにおける、全員がBを選ぶ確率なので、かなり小さめの数字になります。

　次にAとBで1対19に票が割れるケースを考えます。まず、アンケートの1人目がAを選び、それ以降の人は全員Bを選んだとします。1人目がAを選ぶ確率は0.5で、それ以降の人がBを選ぶ確率は0.5です。これも

0.5 を 20 回かけて、確率は結局 0.0000009537 となります。

　しかし計算はこれで終わりではありません。1 対 19 に票が割れるのはこれだけではなく、アンケートの 2 人目が A を選びその他の人が B を選ぶ場合、またアンケートの 3 人目が A を選びその他の人が B を選ぶ場合…と 20 通りありますので、これらをすべて足すとすると、確率は 0.0000009537 × 20 = 0.0000190735 となります。

　次に A と B で 2 対 18 に票が割れるケースを考えます。まず 1 人目が A を選ぶときにその他にもう 1 人誰かが A を選ぶ場合をすべて考えると、1 人目が A で 2 人目が A でそれ以外は B という場合、また 1 人目が A で 3 人目が A でそれ以外は B という場合、1 人目が A で 4 人目が A でそれ以外は B という場合…（順繰りに選んでいき最終的に）1 人目が A で 20 人目が A でそれ以外は B という場合、が考えられます。よって確率は 0.0000009537 × 19 = 0.0000181198 となります。

　さらに、2 人目が A を選びその他にもう 1 人誰かが A を選ぶ場合をすべて考えると、1 人目と 2 人目が A を選ぶケースはすでに考慮したので、今度は、2 人目が A で 3 人目が A でそれ以外は B という場合、2 人目が A で 4 人目が A でそれ以外は B という場合、2 人目が A で 5 人目が A でそれ以外は B という場合…（順繰りに選んでいき最終的に）2 人目が A で 20 人目が A でそれ以外は B という場合、が考えられます。よって確率は 0.0000009537 × 18 = 0.0000171661 となります。

　同じように順繰りに計算していくとその結果、確率はすべてを足し合わせて 0.0000009537 ×（19 + 18 + 17 + … + 1）= 0.000181198 となります。これが A と B で 2 対 18 に票が割れるケースの確率となります。

　同様にこうした計算を機械的に続けて、A と B で 3 対 17、4 対 16、5 対 15 となるケースの確率を計算していきます。そして、それぞれのケースでの確率をすべて足し合わせると結果、確率は 0.02 となります。つまり、20 人中 15 人以上が偶然に B を選ぶ確率は 0.02（2%）となり、50 回に 1 回しか起きないことだとわかります。かなり冗長な説明になりましたが、直接確率計算では、原理的にはこういう計算を行っているのです。

▼ 図2-1-5　20人中N人がBを選ぶ偶然確率の分布。
　　　　　Bが15人以上を示す矢印より右側の確率は0.02（2％）。

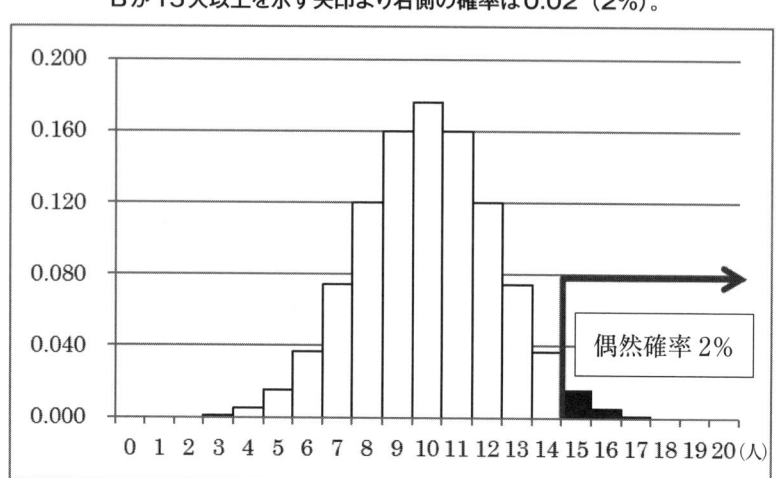

　図2-1-5は20人中N人がBを選ぶ偶然確率をグラフにまとめたものです。こうした各ケースの起こりやすさを記述したものを**確率分布**といいます。

● **どのくらいの確率ならまれなのか？**

　こうして20人中15人以上が偶然にBを選ぶ確率は、0.02（2％）となりました。この確率がまれなことだと判断すれば、「偶然ではめったに起きないことなので、偶然ではなくやはりBのカレーはおいしかったのだ！」と積極的に主張できることになります。

　しかし、2％がまれなことかどうかという線引きは、どうやって決めたらよいのでしょうか。

　大学機関における学術論文の世界では、まれであるとする確率を、慣習的に5％、あるいはもっと厳しく1％としています（分野によっては10％とする場合もあります）。仮説を検証して論文を作成する学問においては、たまたまそうなってしまったことを事実と認定してしまうようなミスは避けなければいけません。実証性が何よりも重要な「仮説検証型」の研究では、偶然に20回に1回、あるいは100回に1回程度しか起きないということでなけ

れば、まれなこととはしないのです。

　一方で、社会の現場、特にビジネスや教育の世界においては、学問のように慎重な判断をしていたのでは、有望な改善の機会を逃してしまう危険性があります。ですので、実用上の改善・開発・危機管理について判定する「探索発見型」の研究では10％、あるいは15％を目安とすることもできます。やり直しのきかない現場では、改善のヒントを逃さないことのほうが重要です。

　このように、まれなことが起きているので偶然ではない→意味がある、と判断することを**有意**、そしてその水準を**有意水準**といいます。有意水準は、論文のように偶然性を厳しく排除したいか、現場において可能性をなるべく逃したくないか、という研究目的から決めるのがよいでしょう。

● 偶然確率を片側だけみるか両側でみるか

　有意水準をみる上で、もう1つ重要なことがあります。それは偶然確率を確率分布の両側でみるのか、それとも片側だけでみるのか、ということです。

　AとBのカレーについて、味について何の予備知識も持たない状態だとします。この場合はAに票が偏るのかBに票が偏るのか、その人気の方向性は事前にはわかりません。となると、まれなことが起きたと考えるケースには2案のケースが必要です。Aのほうが大きく票を集めるケースと、Bのほうが大きく票を集めるケースです。つまり、確率分布の両側に同じだけ動くケースを考慮しなければいけません。この判定方法を**両側検定**といいます。両側検定は事前に方向性の判断をはさまないため、学術論文などにおける慎重な判断に向いています。

　一方、世間一般でいわれているように、作りたてより一晩寝かせたカレーのほうがおいしい、という一方向性の確信があるとします。この場合は、一晩寝かせたカレーのBのほうに大きく票が集まることだけを考え、Aのほうに票が集まることについては考慮しなくてよいでしょう。つまり、確率分布の片側だけで偶然確率をみます。この判定方法を**片側検定**といいます。

　片側だけでみた確率を**片側確率**、両側でみた確率を**両側確率**といいます。確率分布の形状が左右対称の場合に限り、片側確率を2倍すれば両側確率に

なります。同一の有意水準では、両側検定よりも方向性を限定した片側検定のほうが有意となりやすいので、偶然性を排除するための「仮説検証型」の研究では両側、可能性を逃さないための「探索発見型」では片側と、求められる厳格さで使い分けることが必要でしょう。

ここまで計算してきた偶然確率は、実は、Bのほうが多くなることを前提とした「片側確率」で計算されています。もし偏りに方向性があるとせず、同程度にAの方向にも多くなる可能性を想定するなら、片側確率を2倍して「両側確率」で考えます。

さて、ようやくカレーのアンケート調査に判定を下したいと思います。ここではあえて、学術論文のように慎重な判断をしてみましょう。両側検定で有意水準5%を判定基準とします（図2-1-6）。

▼ **図2-1-6　両側検定と片側検定の比較。両側のほうが慎重な判断になる**

●両側検定
「Aのカレーを選んだ人数≠Bのカレーを選んだ人数」といえるかどうかをみる

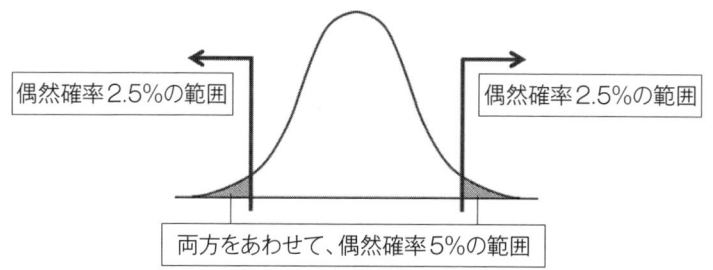

●片側検定
「Aのカレーを選んだ人数＜Bのカレーを選んだ人数」といえるかどうかをみる

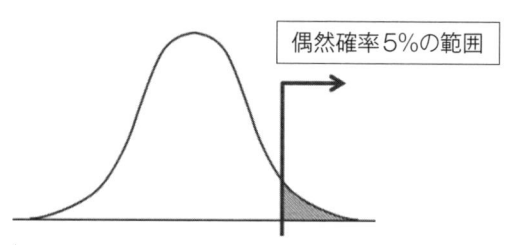

20人中15人以上が偶然にBを選ぶという偶然確率は0.02（2%）でした。しかしこれは片側確率なので、両側検定をするなら2倍します。両側確率にすると、0.04（4%）となります。これは有意水準5%より低いので、偶然でめったに起きないことと判定し、Bのカレーは本当においしかった！という結論になります（図2-1-7）。

このように、有意水準により意味のある差だと判定した場合、「有意にBのカレーはおいしいといえる」という言い方をします。そして、こうした意味のある差のことを**有意差**といいます。

ここまでで、1×2の度数集計表における、度数の検定を見てきました。最初に挙げた2×2のインフルエンザ罹患状況の表においても、同じように直接確率計算で偶然確率を考えて、検定することができます。2×2表の場合は、観測されたデータの各行・各列の小計の比率が、特別な原因のない偶然状態であると前提します。そこから、各行・各列の小計を固定した場合の度数の組み合わせについてすべて考え、観測されたデータ以上に偏る偶然確率を計算していきます。そしてその確率がまれといえるほど小さければ、有意と判断します。

▼ 図2-1-7　両側検定、有意水準5%でみると偶然ではまれなことなので有意

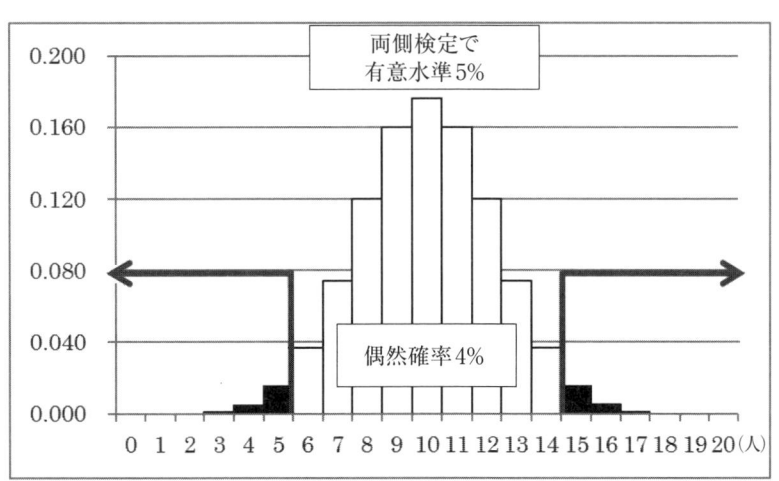

2-4節で2×2表における直接確率計算を扱いますので、手順が理解できたら、ぜひご自身で計算してみることをおすすめします。

統計的検定の流れ

今まで見てきた統計的検定のプロセスは、より形式的には、次に示す手順でまとめられます。図2-1-8も参考にしてください。

まず、本当に主張したいことを考えます。これを**対立仮説**といいます。先のカレーの例でいうと、両側検定なら「Aの票とBの票には差がある」、片側検定なら「Aの票よりBの票のほうが多い」です。

続いて、対立仮説が成立していないことを前提にするという、私たちの普段とは少し違った考え方をとります。これを**帰無仮説**といいます。カレーの例でいうと、「Aの票とBの票は等しい」です。これは先にみてきた、偶然を前提に考えるのと同じことをしているわけです。

次に、帰無仮説の下で、偶然に調査結果が出現する確率を求めます。

▼ 図2-1-8　統計的検定はこの手順で行う

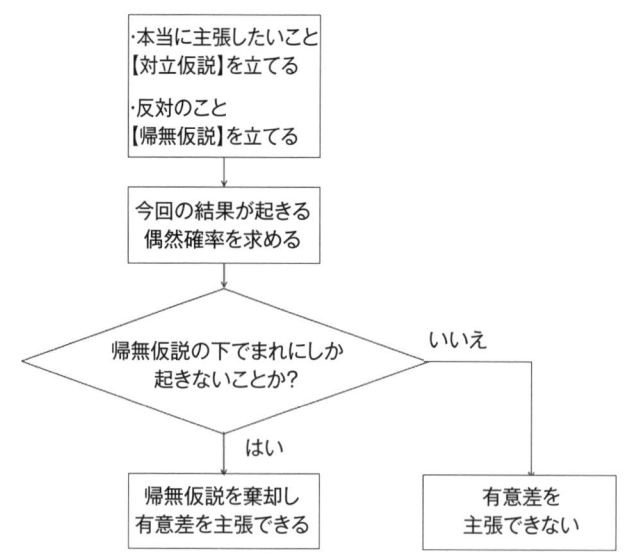

そして、求めた偶然確率がまれなのかどうかを判定します。判定には有意水準と、両側か片側かということを考慮します。

もしまれであるのなら、帰無仮説を棄却、つまり偶然ではないとして、めでたく有意差を主張し、対立仮説を採用します。

一方、まれでなかった場合は、帰無仮説を棄却できず、残念ながら有意差を主張できません。ただし注意しておきたいのは、有意差が主張できなかったとしても、帰無仮説が正しいという結論にはなりません。単に、差があるとはいえない、というだけです。

js-STARでできる度数の検定

本章で扱う度数の検定は、以下の通りです。

・2-2節　1×2表における直接確率計算

　この節のカレーの例で扱ったように、調査項目数は1項目、選択肢が2択で、それぞれの選ばれる偶然確率が半々であると前提した場合の検定です。

・2-3節　1×2表における母比率が等しくない直接確率計算

　調査項目数は1項目、選択肢が2択で、それぞれの選ばれる偶然確率が等しくない場合（母比率不等）の検定です。

・2-4節　2×2表における直接確率計算

　調査項目数は2項目、選択肢が2択で、それぞれの項目における選択肢が偶然にばらついていると前提した場合の検定です。

・2-5節　大きい表に使うカイ二乗検定

　大きい表の場合、直接確率計算では計算量が多くなってしまうためおすすめできません。代用として、カイ二乗という検定統計量を計算して確率を確かめる、カイ二乗検定を使います。

・2-6節　複数項目から有意差のある2×2表だけを自動出力

　これは2×2表における直接確率計算を応用したもので、調査項目をもとに総当たりをして、有意差のある2×2表を自動的に出力するプログラムです。手動では気づくことのできなかった知見を見つけ出せる可能性があります。

2-2

1×2表における直接確率計算

1×2の度数集計表にまとめたデータで、度数の検定を行ってみましょう。

調査項目数は1項目、選択肢が2択で、特別な原因がなければそれぞれの選択肢の選ばれる偶然確率が半々であると前提した場合の検定です。

この検定で有意であると判断できれば、それぞれの選択肢の分かれ方には必然的原因があると考えることができます。実際に例題を解きながら、考え方とjs-STARの使い方を確認していきましょう。

例題1　授業内容は改善したか

「今日の授業は、今までの授業よりよかったですか」と質問し、24名の生徒にハイかイイエで答えてもらいました。アンケートの結果（表2-2-1）から、今日の授業は今までの授業よりよかったといってよいでしょうか？

▼ 表2-2-1　生徒たちの回答

生徒	回答	生徒	回答
生徒1	ハイ	生徒13	イイエ
生徒2	イイエ	生徒14	ハイ
生徒3	ハイ	生徒15	イイエ
生徒4	ハイ	生徒16	ハイ
生徒5	ハイ	生徒17	ハイ
生徒6	イイエ	生徒18	イイエ
生徒7	ハイ	生徒19	ハイ
生徒8	イイエ	生徒20	ハイ
生徒9	ハイ	生徒21	ハイ
生徒10	ハイ	生徒22	イイエ
生徒11	イイエ	生徒23	ハイ
生徒12	ハイ	生徒24	ハイ

● データの構造

ハイと答えた生徒とイイエと答えた生徒を数え上げ、1×2の度数集計表にまとめると、表2-2-2のようになります。

▼ 表2-2-2　生徒たちの回答

観測値1： ハイ	観測値2： イイエ
16	8

● 証明したいこと（対立仮説）

> ハイの人数はイイエの人数より多い。

授業改善の可能性を見出すための、探索発見型の研究とします。対立仮説に方向性を持たせて、片側検定を行います。

● 統計的検定の考え方

❶ 仮説を立てる。

　　対立仮説：ハイの人数はイイエの人数より多い。
　　帰無仮説：ハイの人数とイイエの人数は等しい。

❷ データは帰無仮説に従い出現したと考える。

「ハイ16人」対「イイエ8人」の差は偶然に出現したにすぎないとする。

❸ 1×2表の偶然確率pを求める。

24人中16人以上がハイと答える偶然確率pを計算する。

❹ 偶然確率pの大きさを評価する。

有意水準を5％とする。

片側検定なので、片側確率が有意水準5％を下回るとき（有意水準未満）、その偶然確率pは十分に小さいとして、「偶然に出現したのではない」（帰無仮説に従っていない）と判定する。→有意

逆に有意水準5％を上回るとき、その偶然確率pは十分に小さいとは言えないとして「偶然に出現した」（帰無仮説に従った範囲内である）と判定する。→有意ではない

● js-STARの操作方法

js-STARに実際にデータを入力して、検定を行ってみましょう。必要なデータをセルに入力し、「計算！」ボタンをクリックするだけです。

❶「度数の分析」から「1×2表(正確二項検定)」を選ぶ。
❷ セルにデータを入力する(半角で入力する)。次のセルに移るには Tab キーを使うと便利。
❸「計算！」ボタンをクリックする。
❹ 結果を見る。

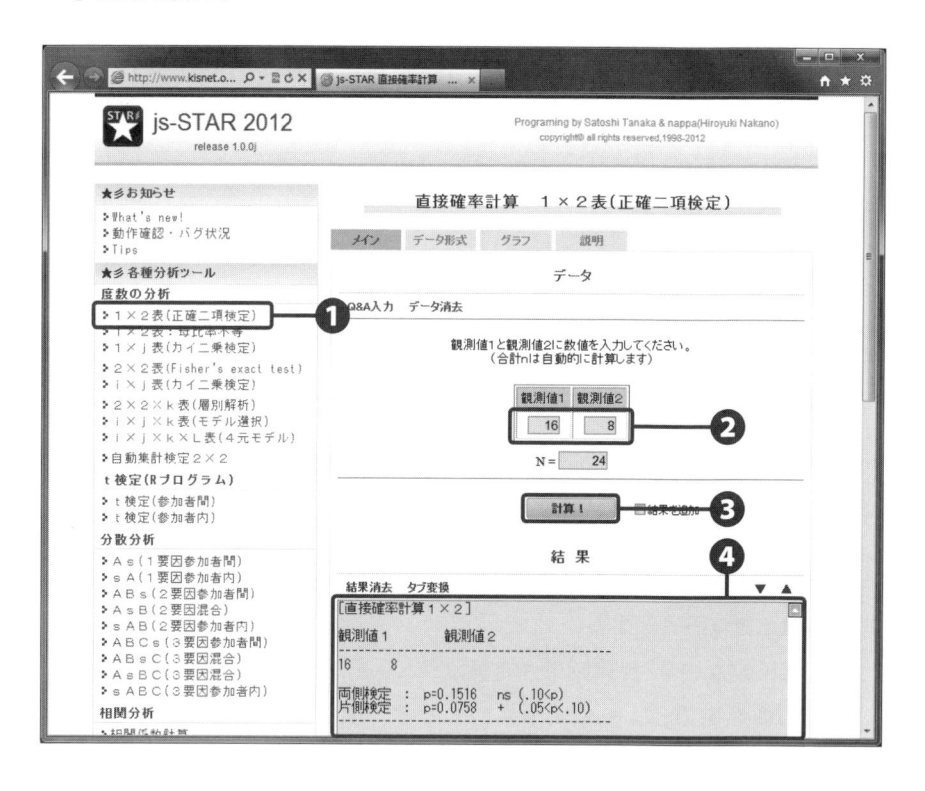

補足 データ入力は、データエリアの左上にある「Q＆A入力」をクリックして、対話的に入力することもできます。

● **出力結果**

```
[ 直接確率計算 1 × 2 ]

観測値 1    観測値 2
----------------------------------------
16         8

両側検定 ： p=0.1516 ns （.10<p）
片側検定 ： p=0.0758 ＋ （.05<p<.10）
----------------------------------------
```

両側検定と片側検定の結果が表示されました。「p=」とあるのは、それぞれの検定における偶然確率で、p は probability（確率）の略です。この偶然確率が事前に決めた有意水準より小さければ、有意とします。

偶然確率の右側に続く「ns（.10<p）」「＋（.05<p<.10）」は、有意差があるかどうかの判定を示しています。記号の意味は表 2-2-3 の通りです。

▼ 表 2-2-3　有意差の判定の記号

記号	偶然確率の大きさ	判定	備考
ns	0.10 ＜ p	有意でない	non-significant の略
＋	0.05 ＜ p ＜ 0.10	有意傾向	有意ではないが、傾向はあり、という判断
＊	p ＜ 0.05	有意水準 5％で有意	アスタリスク 1 つ
＊＊	p ＜ 0.01	有意水準 1％で有意	アスタリスク 2 つ

今回は有意水準 5％の片側検定を行います。出力結果から「片側検定：p=0.0758　＋（.05<p<.10）」を読み取り、片側確率 0.0758 は有意水準 5％を上回るため、有意ではないが有意傾向である、と判断します。

● グラフ

　js-STARでは、観測値1・観測値2の比率と、それぞれの本来の偶然確率を並べて、グラフにすることができます。この機能はGoogle Chart APIの機能を利用しているので、使用する場合はネットに接続している必要があります。

　グラフを見るには「計算！」ボタンをクリックして計算を行ったあとに、タブメニューから「グラフ」を選択すると表示されます（図2-2-4）。

　上段のバーは、データ（**標本**といいます）の観測値1と観測値2の比率（**標本比率**）を示します。下段のバーは、帰無仮説における観測値1と観測値2の比率です。この帰無仮説に従った無限データ集団（**母集団**といいます）から、データを抽出したと考えます。

　今回は観測値1が母集団の比率（**母比率**といいます）より大きくなりましたが、たまたまの結果なのかもしれません。そこで、これくらいの差はよく生ずるのかどうかを確かめ、意味のある差なのかどうかを判定するのが統計的検定というわけです。

▼ **図2-2-4　js-STARによる標本比率と母比率のグラフ**

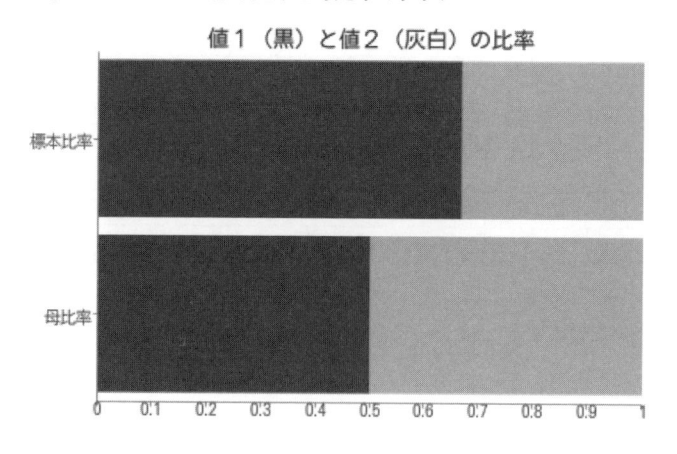

● 結果の書き方

「今回の授業は今までの授業よりもよかったか」を生徒24人にたずねた結果、ハイが16人、イイエが8人だった。直接確率計算によると、その偶然確率は p=0.0758（片側検定）であり、有意水準5％で有意ではなかった。よって、ハイの人数がイイエの人数より多いとはいえなかった。

結果には、①検定の方法、②偶然確率pの値、③有意かどうかの判定、を書きます。

● 解説

検定の結果、今回は有意ではなかったので、残念ながらハイの人数はイイエの人数より多い、と積極的に主張することはできませんでした。

それではもし、ハイの人数がもう1人多ければどうなるでしょうか。次の例題2を試してみてください。

例題2　ハイがもう1人多かったら…

「今日の授業は、今までの授業よりよかったですか」と質問し、24名の生徒にハイかイイエで答えてもらいました。集計結果（表2-2-5）から、今日の授業は今までの授業よりよかったといってよいでしょうか？

▼ 表2-2-5　生徒たちの回答

観測値1： ハイ	観測値2： イイエ
17	7

● 統計的検定の考え方

例題1に比べ、ハイの人数が1人増え、24人中でハイが17人、イイエが7人となりました。

統計的検定の考え方およびjs-STARの操作方法は、例題1と同様です。偶然確率pを求めてみましょう。

● 出力結果

```
［直接確率計算 1 × 2］

観測値 1    観測値 2
-------------------------------------
17          7


両側検定 ： p=0.0639  ＋ （.05<p<.10）
片側検定 ： p=0.0320  ＊ （p<.05）
-------------------------------------
```

今回も例題 1 と同じく片側検定で判定します。「片側検定：p=0.0320　＊（p<.05）」のところを見ます。

有意水準を 5％とすると、p=0.0320（片側検定）なので、その偶然確率は小さいと判定し、帰無仮説に従わない「まれなことが起こった」と判定します。

● 結果の書き方

> 「今回の授業は今までの授業よりもよかったか」を生徒 24 人にたずねた結果、ハイが 17 人、イイエが 7 人だった。直接確率計算によると、その偶然確率は p=0.0320（片側検定）であり、有意水準 5％で有意だった。よって、今回の授業は、今までの授業よりも生徒に支持される構成であったといえる。

このように、例題 1 と比べ、24 人中で 1 人がハイに傾いただけですが、16 対 8 と 17 対 7 では、有意かどうかの判断が変わります。24 人のアンケート結果を漫然とながめるより、統計的検定を行うことで、明確な評価判定ができるでしょう。

● 解説

例題 1 と例題 2 は、授業改善の可能性を見出すための「探索発見型」の研究なので、片側検定を行いました。2-1 節（p.22）でも解説したように、片側検定は偏りの方向性を前提としている分だけ、両側検定に比べ慎重さに欠

けます。

　両側検定で考える場合は、ハイとイイエが16対8の方向に偏るケースだけでなく、その逆の8対16の方向に偏るケースも数えます。つまり、有意差が反対側に出ることも考慮しているので、より慎重な証明になります。今回の出力結果「両側検定：p=0.0639　＋（.05<p<.10）」を読むとわかるように、有意水準5％で有意とはなりません。

　ただし、慎重な判断ばかりしていては、改善のための有望な可能性や危険の予兆を見逃すおそれも増します。また、条件を厳密に統制して行う実験室なら、両側検定で有意水準5％や1％を用いてもよいでしょうが、社会的な人間の意識や行動を分析する場合には、厳密に統制できない様々な要因が加わります。

　そうした事情から、端的には、学術上の「証明のための証明」には両側検定を使い、社会の各種産業の現場では「実用のための証明」として片側検定を使う、と覚えておけばよいでしょう。本書の第2章では主に片側検定を実施します。

　なお、産業現場の実用的ニーズから考えると、片側検定において有意水準5％で有意にならない程度の偏りであっても、傾向をつかむヒントになりうるかもしれません。その場合は、有意水準を10％、あるいは15％でとらえて傾向を見落とさないようにするなど、物事の性質に応じて確率を評価するセンスを身につける必要があるでしょう。

練習問題1　片側確率の変化を確認する

　ハイとイイエの人数が変化したときの偶然確率（片側確率）を、js-STARを使って求めてみましょう。次ページの表2-2-6、表2-2-7における「偶然確率（片側確率）」「有意差」の列の空欄をそれぞれ埋めてください。

（解答はp.200）

▼ 表2-2-6　クラスの合計人数は24名で変わらない場合

ハイ（人）	イイエ（人）	ハイ（%）	イイエ（%）	偶然確率 （片側確率）	検定
21	3	88%	13%	p=	
20	4	83%	17%	p=	
19	5	79%	21%	p=	
18	6	75%	25%	p=	
17	7	71%	29%	p=0.0320	＊（p<.05）
16	8	67%	33%	p=0.0758	＋（.05<p<.10）
15	9	63%	38%	p=	
14	10	58%	42%	p=	

▼ 表2-2-7　合計人数は違うが、ハイとイイエの比率は同じ場合

ハイ（人）	イイエ（人）	ハイ（%）	イイエ（%）	偶然確率 （片側確率）	検定
26	13	67%	33%	p=	
24	12	67%	33%	p=	
22	11	67%	33%	p=	
20	10	67%	33%	p=	
18	9	67%	33%	p=	
16	8	67%	33%	p=0.0758	＋（.05<p<.10）
14	7	67%	33%	p=	
12	6	67%	33%	p=	
10	5	67%	33%	p=	
8	4	67%	33%	p=	
6	3	67%	33%	p=	

js-STARでの計算結果を保存、印刷する

　js-STAR自体には、計算結果の保存機能はありません。JavaScriptではセキュリティ上の問題から、ローカルフォルダにファイルを保存できないためです。

　そのため、出力された計算結果を保存したり印刷したりするには、ワードやエクセルなどへのコピー&ペーストが必要です。

● 結果を保存、または印刷するための操作例

計算結果を Windows のメモ帳に貼り付けて保存、印刷する場合の操作を紹介します。

❶ js-STARの「結果エリア」のテキストボックス内で右クリックする。
❷ コンテキストメニューから「すべて選択」を選ぶ。
❸ さらに右クリックして「コピー」を選ぶ。
❹ メモ帳を立ち上げ、メモ帳のメニューから「編集」→「ペースト」を選ぶ。
あとはメモ帳自体の機能で保存や印刷を行う。

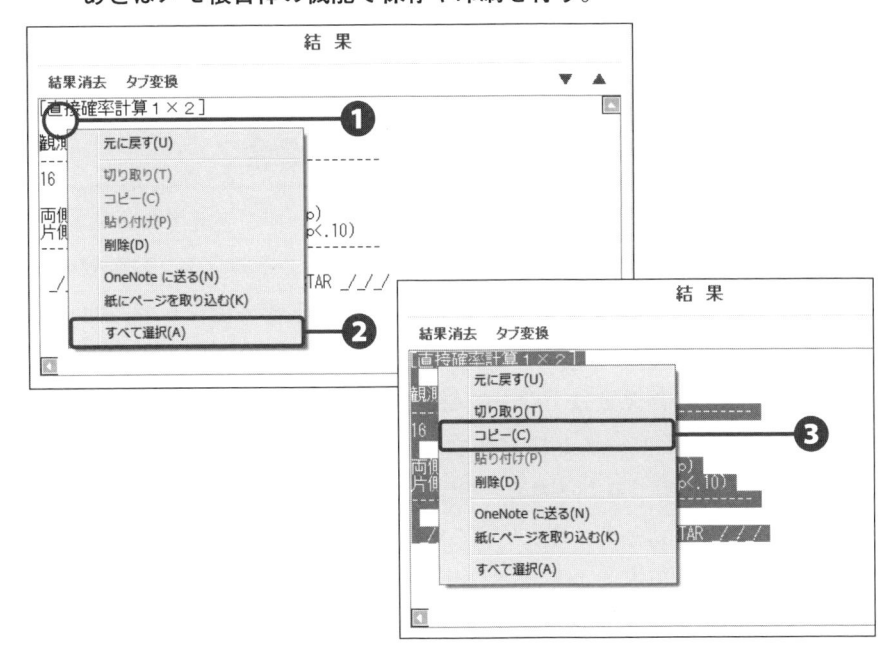

同じ方法で、メモ帳だけでなく、ワードなどのワープロソフトやエクセルなどの表計算ソフトにも貼り付けて保存することができます。

なお、エクセルに貼り付ける場合は、結果をコピーする前にエクセルを立ち上げておかなくてはなりません。エクセルが起動時に、クリップボード内をクリアする仕様のためです。

2-3 1×2表における母比率が等しくない直接確率計算

2-2節では、1×2の度数集計表にまとめたデータで度数の検定を行いましたが、特別な原因がなければそれぞれの選択肢の選ばれる偶然確率が「半々である」と前提していました。これは母比率同等というケースです。

本節では、あらかじめそれぞれの選択肢が選ばれる偶然確率に偏りがある場合（母比率不等）の、1×2表における度数の検定を行います。

母比率不等で考えるのはどういう場合？

母比率不等を前提とするのはどういう場合かについて、考えてみましょう。

全国ではむし歯児童の割合（むし歯率）は61.8%、というように公表されている調査があります。この全国の値と、自分の学校の値を比較したい場合、母比率不等における度数の検定を行います。

A小学校のむし歯児童は100人中66人でした。むし歯率は66%となり、全国の比率より4%高いことになります。この差が偶然ではないとすると、今までのむし歯指導ではダメだということになりますが、本当に全国の比率とA小学校の比率に差があるといえるのでしょうか？

ここで、全国数十万人の児童（母集団）から、100人のA小学校の児童（標本）が抽出されたと考えて、全国比率（母比率61.8%）から偶然にN=100で標本比率66%以上というケースが生じる確率を計算してみます。その確率をもって本当に全国平均より悪いのかどうか、判定してみましょう。

例題3　A小学校のむし歯児童は全国と比べ多いのか

　A小学校のむし歯児童は、100人中66人で、むし歯率は66%でした。一方、全国のむし歯率は61.8%でした。

　A小学校のむし歯率66%は、全国のむし歯率61.8%よりも大きいと考えるべきでしょうか？

● データの構造

　「むし歯あり」と「むし歯なし」の具体的な人数は、それぞれ66人、34人となります。全国におけるむし歯の比率は、「%」を抜かしてそのまま、js-STARへ母比率として入力することができます。

▼ 表2-3-1　A小学校のむし歯あり・なしの人数と母比率

	観測値1：むし歯あり	観測値2：むし歯なし
観測数：A小学校（人数）	66	34
母比率：全国（%）	61.8	38.2

● 証明したいこと（対立仮説）

> A小学校のむし歯率66%は、全国のむし歯率61.8%よりも大きい。

　母比率不等の検定は、前提として標本比率が0.50からズレて大小どちらかに偏ることを仮定しますので、母比率以上にデータが偏るかどうかをみる片側検定が、実用上の分析となるでしょう。そのため、js-STARでは母比率不等の場合、片側確率のみを計算します。

　なお、学術論文などで両側検定を要求される場合は（実用的には無意味ですが学術的には必要な情報として）、js-STARが計算と同時に出力するRプログラムを利用すると、母比率不等のときの両側確率が得られます。母比率不等では確率分布が左右非対称になるため、片側確率を単純に2倍しても両側確率と一致しないので、注意が必要です。

● 統計的検定の考え方

❶ 仮説を立てる。
　対立仮説：A小学校のむし歯率は全国のむし歯率より大きい。
　帰無仮説：A小学校のむし歯率と全国のむし歯率は等しい。
❷ データは帰無仮説に従い出現したと考える。
　「A小学校：あり66人、なし34人」は「全国：あり61.8％、なし38.2％」に従って偶然に出現したと考える。
❸ 1×2表の偶然確率pを求める。
　「A小学校：あり66人、なし34人」（以上）が「全国：あり61.8％、なし38.2％」に従って偶然に出現する偶然確率pを計算する。
❹ 偶然確率pの大きさを評価する。
　片側検定で有意水準5％とする。
　有意水準を下回るとき、その偶然確率pは十分に小さいとして、「偶然に出現したのではない」（帰無仮説に従っていない）と判定する。
　　→有意
　有意水準を上回るとき、その偶然確率pは十分に小さいとはいえないとして「偶然に出現した」（帰無仮説に従った範囲内である）と判定する。
　　→有意ではない

● js-STARの操作方法

❶ 「度数の分析」から「1×2表：母比率不等」を選ぶ。
❷ セルにデータを入力する（半角で入力する）。次のセルに移るには Tab キーを使うと便利。
❸ 「計算！」ボタンをクリックする。
❹ 結果を見る。

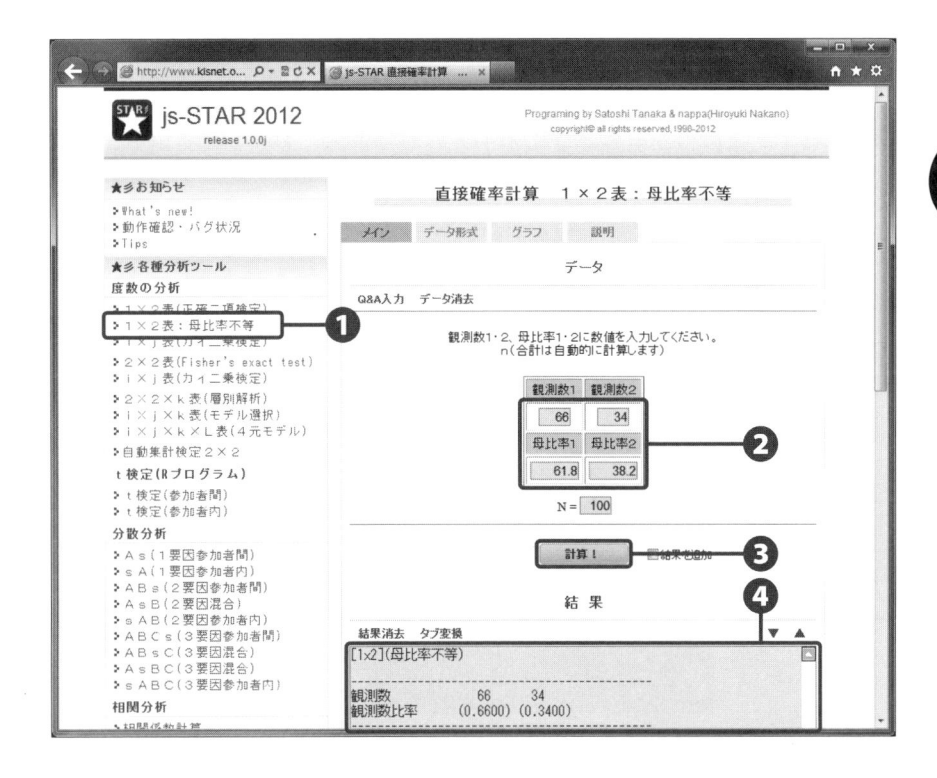

● **出力結果**

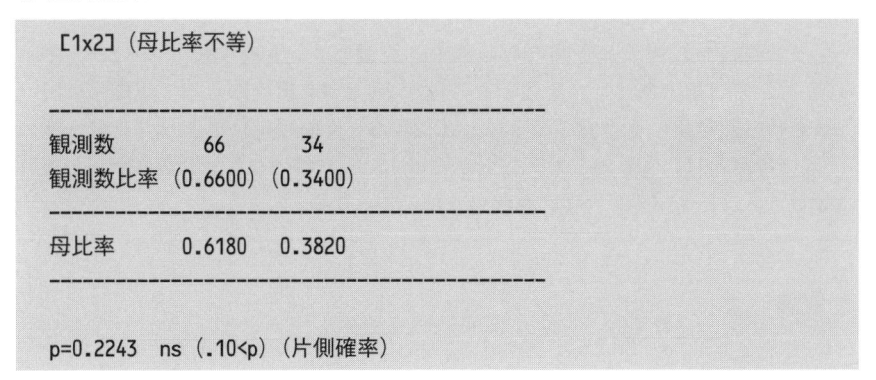

```
［1x2］（母比率不等）

---------------------------------------------
観測数        66       34
観測数比率   （0.6600）（0.3400）
---------------------------------------------
母比率       0.6180   0.3820
---------------------------------------------
p=0.2243   ns （.10<p）（片側確率）
```

　有意水準を 5% とすると、p=0.2243（片側検定）なので、有意水準 5% をクリアできず有意ではない、と判定します。

● グラフ

下のグラフの上段のバーは、データ（標本）の観測値1と観測値2の比率を示します。下段のバーは、母比率不等の帰無仮説における観測値1と観測値2の比率です。これをみると、母比率を上回って片寄る場合にどちらの方向へ片側確率を計算しているのかが、視覚的にわかりやすいでしょう。

▼ 図2-3-2　標本比率と母比率のグラフ

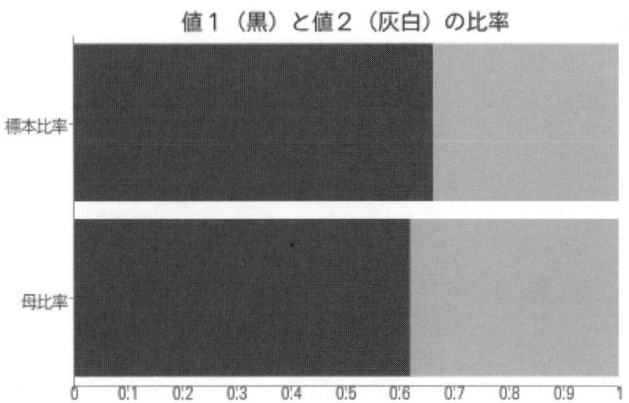

値1（黒）と値2（灰白）の比率

● 結果の書き方

A小学校のむし歯率と全国のむし歯率を比較した。A小学校では100人中66人がむし歯であった。全国のむし歯率61.8％を母比率として直接確率計算を行った結果、その偶然確率はp=0.2243（片側検定）であり、有意水準5％で有意とはいえなかった。したがって、A小学校のむし歯児童は全国と比較して多いとはいえず、特に悪化した状況ではない。

● 解説

母比率を61.8％、38.2％と固定した場合、観測数が変化すると、偶然確率（片側確率）はどのようになるでしょうか。100人中のむし歯児童の数を増やして計算したのが次の表2-3-3です。

▼ 表2-3-3 むし歯児童の数と片側確率

むし歯あり	むし歯なし	片側確率
71人	29人	p=0.0349
70人	30人	p=0.0548
69人	31人	p=0.0826
68人	32人	p=0.1196
67人	33人	p=0.1668
66人	34人	p=0.2243
65人	35人	p=0.2913
64人	36人	p=0.3660

　むし歯ありの人数が増えるほど、全国のむし歯率の61.8％から離れ、偶然にはめったに起こらないことになり、そのむし歯率が出現する偶然確率（片側確率）は小さくなっていきます。

　しかし、有意水準5％未満になるのは、むし歯ありが71人、つまり71％（p=0.0349）のときです。全国の61.8％とほぼ同じむし歯率は62人のときですから、約10人上回ってようやく有意差があると判定されるわけです。

　2-1節の解説でも述べたように、学校現場や社会産業において危機管理を目的とした調査では、有意水準（片側確率）を10％または15％として判定すると、改善へのアクションを判断しやすくなります。

　実際、むし歯予防はどの学校でも何らかの取り組みを行っているでしょう。ですから、この例では、むし歯ありの児童が68人以上（有意水準15％）になった場合には現在の改善策を見直すこととし、それ以下の場合には現在の取り組みを継続していくといった判断ができます。

　学校における生徒の人数は、全国や県などの調査人数に比べて、決して多いとはいえません。表面的な数値で1％違っていたから何でもダメと考えて改善しなければならないとしたら、ますます学校は多忙になります。どんな改善策を実行するかよりも、何を優先して取り組むかの適切な判断こそが重要です。

練習問題2　何を優先して取り組むかを考える

　A市では、全市学力調査を実施しました。ある小学校の6年1組における正答率が全市正答率を下回った問題は、表2-3-4のようになりました。有意水準（片側確率）を15％として、復習した方がよいと考えられる問題を判定してみましょう。　　　　　　　　　　　　　　　　（解答はp.201）

▼ 表2-3-4　6年1組とA市における学力調査の結果

No.	問題	6年1組		A市全体	
		正答数	誤答数	正答率(％)	誤答率(％)
Q1	同分母分数のたし算をする	28	2	96.2	3.8
Q2	三角形の面積を求める	16	14	65.4	34.6
Q3	全体人数から男女の割合を求める	12	18	57.6	42.4

2-4

2×2表における直接確率計算

　前節までで1×2表の度数の検定を学んできました。今度は調査項目数が2項目で、選択肢が2択である、2×2表における度数の検定に挑戦します。

　なお2×2表における度数の検定には、本節のように直接確率計算によって行う方法と、カイ二乗検定によって行う方法があります。カイ二乗検定は近似的な方法ですので、度数が大きすぎない場合は、この節で解説する直接確率計算を用いるほうがよいでしょう。

　度数が大きすぎて計算に時間がかかってしまう、あるいは2×2より大きい集計表を扱う場合には、次節で解説するカイ二乗検定をおすすめします。細かい注意点についてはコラムを参照してください（p.83）。

例題4　女子は悩みが多いもの？

　24名の生徒に「悩みはありますか？」と質問しました。男子と女子で、悩んでいる割合に違いはあるでしょうか？

● データの構造

　性別を縦、悩みの有無を横にとり、24名の生徒のデータを表に集計すると、2×2表になります。この表をもとに度数の検定を行います。

　2×2表の場合、表を対角線的に見ることで、人数の多い・少ないの目星がつけられます（厳密に調べたい場合は、グラフなどで2群の比率を比べます）。

　次ページの表2-4-1が生徒に対するアンケート結果で、それを2×2表に集計したのが表2-4-2です。悩みありと答えたのは女子が多く、悩みなしと答えたのは男子が多いようです（8人と9人）。

▼ 表2-4-1　生徒たちの回答（素データ）

生徒	性別	悩み	生徒	性別	悩み
生徒1	男子	なし	生徒13	女子	なし
生徒2	女子	あり	生徒14	女子	なし
生徒3	女子	なし	生徒15	男子	なし
生徒4	男子	あり	生徒16	女子	あり
生徒5	男子	なし	生徒17	男子	あり
生徒6	女子	あり	生徒18	女子	あり
生徒7	男子	なし	生徒19	女子	あり
生徒8	女子	あり	生徒20	男子	なし
生徒9	男子	なし	生徒21	男子	なし
生徒10	男子	なし	生徒22	女子	あり
生徒11	女子	あり	生徒23	女子	あり
生徒12	男子	あり	生徒24	男子	なし

▼ 表2-4-2　生徒たちの回答を集計。対角線で囲んだ部分の人数が多い

	観測値1：あり	観測値2：なし
群1：男子	3人	9人
群2：女子	8人	4人

● 証明したいこと（対立仮説）

> 女子のほうが男子より悩んでいる割合が大きい。

　表2-4-2からは、女子のほうが悩みが多そうにみえます。そこで、本当に女子のほうが悩みが多いといえるかどうか、片側検定を行います。

● 統計的検定の考え方

❶ 仮説を立てる。
　　対立仮説：女子のほうが男子より悩んでいる割合が大きい。
　　帰無仮説：男女で、悩みのあり・なしの人数の割合は等しい。
❷ データは帰無仮説に従い出現したと考える。
　　表2-4-2の男女間の差は偶然に出現したと考える。

❸ 2×2表の偶然確率pを求める。
表2-4-2以上の男女間の差が出現する偶然確率p（片側確率）を計算する。
❹ 偶然確率pの大きさを評価する。
片側検定で有意水準5%とする。
有意水準を下回るとき、その偶然確率pは十分に小さいとして「偶然に出現したのではない」（帰無仮説に従っていない）と判定する。→有意
有意水準を上回るとき、その偶然確率pは十分に小さいとは言えないとして「偶然に出現した」（帰無仮説に従った範囲内である）と判定する。
　→有意ではない

● js-STARの操作方法
❶「度数の分析」から「2×2表（Fisher's exact test）」を選ぶ。
❷ セルにデータを入力する（半角で入力する）。次のセルに移るには Tab キーを使うと便利。
❸「計算！」ボタンをクリックする。
❹ 結果を見る。

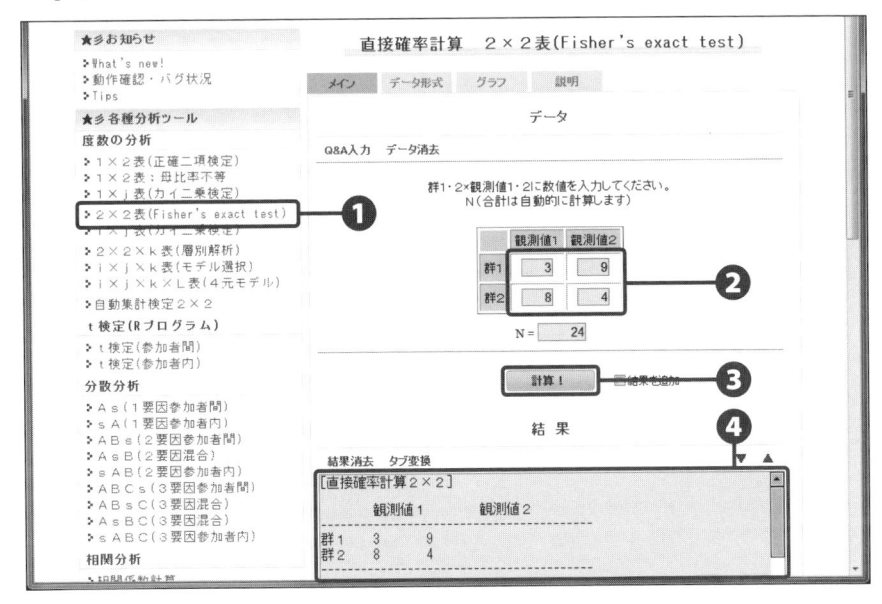

● 出力結果

```
[ 直接確率計算 2 × 2 ]
        観測値 1   観測値 2
-----------------------------------
群 1     3         9
群 2     8         4
-----------------------------------

両側検定 : p=0.0995 +（.05<p<.10）
片側検定 : p=0.0498 *（p<.05）
Phi=0.418
-----------------------------------

[ オッズ比検定 ]
        観測値 1   観測値 2
-----------------------------------
群 1     3         9
群 2     8         4
-----------------------------------

オッズ比 : = 0.17

＜両側検定＞
下限値 : = 0.03
上限値 : = 0.98
オッズ比による検定は、有意である（95％信頼区間、両側）

＜片側検定＞
下限値 : = 0.00
上限値 : = 0.74
オッズ比による検定は、有意である（95％信頼区間、片側）
```

　前節までの内容に比べ、直接確率計算の両側検定、片側検定の結果以外にも、オッズ比検定などさまざまな内容が出力されるようになりました。それぞれの内容の読み方については後述します。

● グラフ

このグラフは、今までの標本比率と母比率のグラフに似ていますが、どちらも標本比率であり、2群すなわち2標本の比率を表しています。この2標本について、抽出した母集団が同一であるかどうかを判定します。同一の母集団から2回標本を抽出したと仮定すると（帰無仮説）、このグラフに見られるような差は偶然には生じるのかどうか、ということを確かめます。

▼ 図2-4-3　群1、群2それぞれの観測値1と観測値2の比率

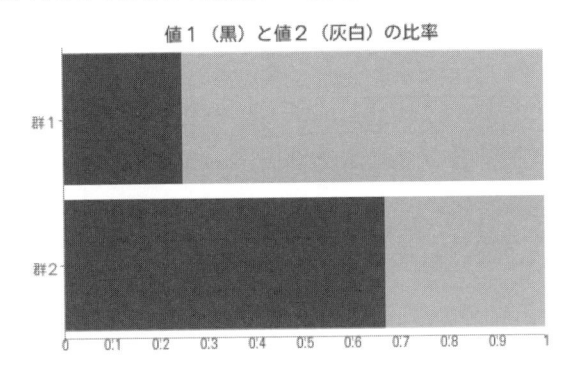

● 結果の書き方

> 男子・女子別に悩みの有無を調べた。男子の悩みあり・なしの人数は3人と9人、女子の悩みあり・なしの人数は8人と4人となった。直接確率計算を行った結果、その偶然確率は p=0.0498（片側検定）であり、有意水準5％で有意だった。したがって、女子のほうが男子よりも悩みのある生徒が多かった。

● 解説

片側検定の有意差の解釈については、これまでの例題と同様です。以降では、例題4でのそれ以外の出力内容について解説していきましょう。なお、それぞれの数学的な意味については、巻末の参考文献に各自あたってください。

連関係数 φ

　例題4の出力内容で、片側検定の結果の次に「Phi=0.418」という記述があります。これは**連関係数**である φ（ファイ）を示しています。
　項目間の関連の強さを**連関**といい、φ（出力表記では Phi）で表します。φ の値の範囲は 0 ～ 1 で、この値が大きいほど、2 つの項目間の関連性が強いということになります。
　連関係数 φ の値と連関の強さの判定は、表 2-4-4 のようになります。

▼ 表 2-4-4　連関係数と強さの判定

φ	強さの判定
0.70 以上	強い
0.40 以上	中程度の強さ
0.30 以上	弱い
0.30 未満	連関はほとんどない

　したがって、今回は Phi=0.418 であることから、性別と悩みの有無は中程度の強さの連関を示すといえます。
　なお、検定で有意と判定されない場合は、φ に意味はありません。有意差が出たあとに、φ による連関の強さを参考にします。

オッズ比検定

　連関係数以降に出力されている内容は、**オッズ比検定**の結果です。
　ここまでの直接確率計算による検定は、有意差があるかどうかだけを示す有意性検定でした。それに対しオッズ比検定では、**オッズ比**という指標によって結果の信頼性を考慮して検定することができます。
　オッズ比検定は、飲酒習慣の有無でどれくらい疾患にかかりやすいかを調べるなど、医療現場で利用されることが多い検定です。具体的な使い方は後の例題6（p.63）にゆずり、ここではオッズ比検定の概要を説明します。
　オッズとは、ある事柄の起きやすさを示す数値です。例題4 であれば「悩

2-4 2×2表における直接確率計算

み」が起きる事柄とすると、男子に関しては「悩みあり」対「悩みなし」の比率である 3/9 がオッズになります。女子に関しては「悩みあり」対「悩みなし」の比率である 8/4 がオッズです。そして、オッズ比とは、これら男女のオッズに関して、さらに比をとったもの（3/9 ÷ 8/4 = 0.17）です。

では、このオッズ比は何をみているのでしょうか。もし男女差がないとしたら男女のオッズは同じ値になり、したがってオッズ比は 1 になるはずです。今回は「オッズ比 = 0.17」ですから、女子に比べて男子の「悩みあり」の割合が小さい、という判断ができます。

オッズ比検定では、有意水準 5% の代わりに**95%信頼区間推定**を用いて、有意性を判定します。今回のオッズ比 0.17 を算出した無限データ集団（母集団）を想定し、男女 12 人ずつを無限回数標本抽出すると、js-STAR による計算の結果、偶然に 100 回中 95 回はオッズ比 0.03 〜 0.98 となり、オッズ比 = 1 に達しません（オッズ比検定における両側検定の下限値と上限値を参照）。

したがって、男女差がないという可能性は低く、女子の「悩みあり」の割合が大きいことが証明されます。これが偶然に 100 回中 95 回の確率でいえるので、信頼水準 95% の判定になります。

このように、データから得られたオッズ比の値を前提として、偶然による 100 回中 95 回の値のバラつきを推測し、その下限値・上限値を求める方法を、95%信頼区間推定といいます。

オッズ比検定における信頼区間推定は、次ページの図 2-4-5 のように有意性検定と対応します。すなわち、オッズ比が有意のとき信頼区間は帰無仮説のオッズ比 = 1 を含みませんが、オッズ比が有意でないとき信頼区間は帰無仮説のオッズ比 = 1 を含みます。オッズ比 0.17 の 95%信頼区間（片側）は 0 〜 0.74 であり、上限値が 1 を下回るので（オッズ比 ≠ 1）、有意と判定されます。

95%信頼区間推定は、有意水準 5% の有意性検定に対応します。信頼水準 99% の区間推定は有意水準 1% の有意性検定、90%信頼区間推定は有意水準 10% の検定にそれぞれ対応します。

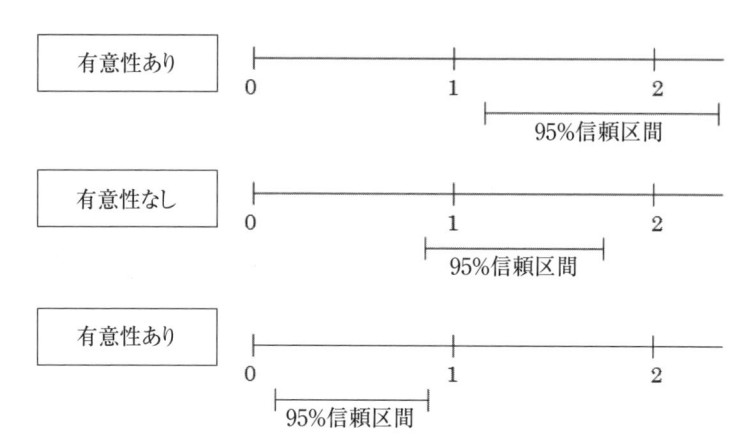

▼ 図2-4-5　オッズ比による有意性の検定と信頼区間推定

有意性あり　　0 ————————— 1 ————————— 2
　　　　　　　　　　　　　　95%信頼区間

有意性なし　　0 ————————— 1 ————————— 2
　　　　　　　　　　　95%信頼区間

有意性あり　　0 ————————— 1 ————————— 2
　　　　　　95%信頼区間

　有意性検定は、帰無仮説を前提として偶然分布をつくり、そこにデータの値が入ってこないことを見ようとします。逆に、区間推定は、データの値を前提として偶然分布をつくり、そこに帰無仮説の値が入っていないことを見ようとします。両者は同一結果の表裏(おもてうら)の表現といえます。

練習問題3　参加回数と満足度に関連は？

　ICT（情報通信技術）を活用した授業力向上セミナーを実施しています。参加回数でグループをつくり、セミナーに対する満足度を調査しました。表2-4-6の結果から、参加回数と満足度に関連があるといえるでしょうか？

（解答は p.201）

▼ 表2-4-6　セミナーに対する満足度調査

	満足している	満足してない
初参加群	68	32
数回参加群	42	48

例題5　歯磨きトレーニングの成果

　春の歯科検診の結果、中学1年生の150人中81人が歯肉炎であることがわかりました。そこで、全校生徒に歯磨きの大切さについて、特別授業と磨き方のトレーニングを実施しました。

　実施3か月後、歯肉炎の生徒が62名になりました（表2-4-7）。特別授業とトレーニングの成果はあったといえるでしょうか。

▼ 表2-4-7　歯磨きトレーニングの結果。囲み部分の人数が多い

	観測値1： 歯肉炎あり	観測値2： 歯肉炎なし
群1：実施前	81	69
群2：3か月後	62	88

● 証明したいこと（対立仮説）

> 特別授業と磨き方トレーニングの前と3か月後で、歯肉炎ありの割合は小さくなった（歯肉炎なしの割合は大きくなった）。

● 統計的検定の考え方

❶ 仮説を立てる。

　対立仮説：実施後の歯肉炎なしの割合は大きい。

　帰無仮説：実施前と実施後の歯肉炎あり・なしの割合は等しい。

❷ データは帰無仮説に従い出現したと考える。

　「実施前：あり81人、なし69人」対「実施後：あり62人、なし88人」の差は偶然に出現したにすぎないと考える。

❸ 2×2表の偶然確率pを求める。

　「実施前：あり81人、なし69人」対「実施後：あり62人、なし88人」（以上）の差が出現する偶然確率pを計算する。

第2章 度数に意味のある差がついたかを調べる － 度数の分析

❹ 偶然確率pの大きさを評価する。
　片側検定で有意水準5％を下回ったら、「偶然に出現したのではない」（帰無仮説に従っていない）と判定する。→有意

● js-STARの操作方法
❶「度数の分析」から「2×2表（Fisher's exact test）」を選ぶ。
❷ セルにデータを入力する（半角で入力する）。次のセルに移るには Tab キーを使うと便利。
❸「計算！」ボタンをクリックする。
❹ 結果が出力される。

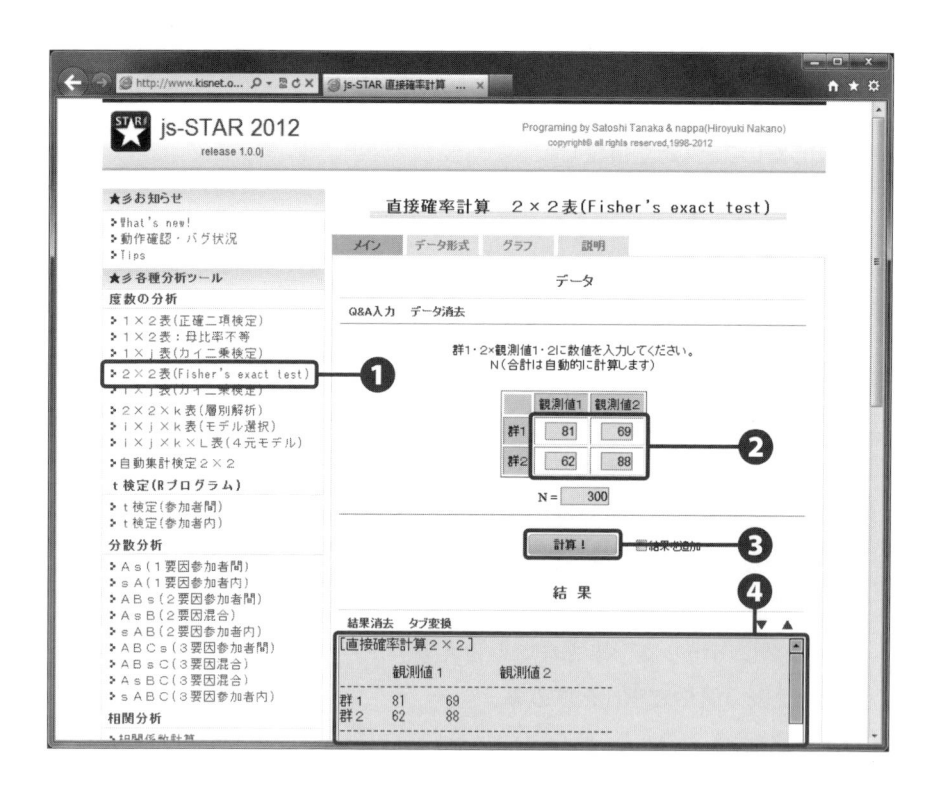

● 出力結果

```
[ 直接確率計算 2 × 2 ]

            観測値 1    観測値 2
-----------------------------------------
群 1        81         69
群 2        62         88
-----------------------------------------

両側検定 : p=0.0373 * (p<.05)
片側検定 : p=0.0186 * (p<.05)

Phi=0.127
-----------------------------------------

[ オッズ比検定 ]

            観測値 1    観測値 2
-----------------------------------------
群 1        81         69
群 2        62         88
-----------------------------------------

オッズ比 : = 1.67

＜両側検定＞
下限値 : = 1.06
上限値 : = 2.63
オッズ比による検定は、有意である（95％信頼区間、両側）

＜片側検定＞
下限値 : = 1.14
上限値 : = ∞
オッズ比による検定は、有意である（95％信頼区間、片側）
-----------------------------------------
```

● グラフ

▼ 図2-4-8　群1、群2それぞれの観測値1と観測値2の比率

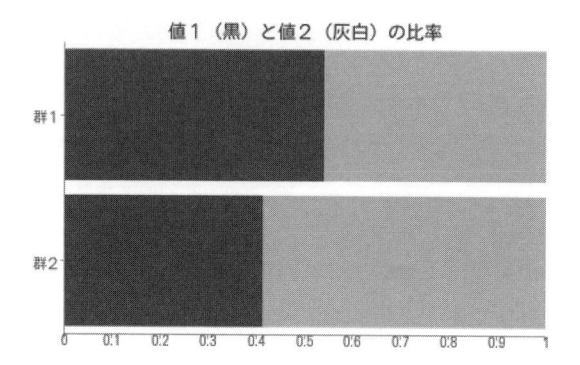

値1（黒）と値2（灰白）の比率

● 結果の書き方

特別授業と磨き方トレーニングの前と、その3か月後で、歯肉炎ありとなしの人数を調べた。「実施前：あり81人、なし69人」「実施後：あり62人、なし88人」で直接確率計算を行った結果、その偶然確率はp=0.0186（片側検定）であり、有意水準5％で有意だった。したがって、授業とトレーニング後、歯肉炎の生徒数は減ってきており、特別授業とトレーニングは歯肉炎の改善に効果があったと考えられる。

● 解説

上のグラフから明らかなように、2×2表の有意差は、群1と群2の間で「歯肉炎あり」「歯肉炎なし」の人数が違い、対角線的に人数が多く集中することを示しています（p.59 表2-4-7 の、81と88）。

なお、オッズ比の解釈には注意が必要です。オッズ比が1.67であるからといって、実施前の「歯肉炎あり」の人数は、実施後の「歯肉炎あり」の人数の1.67倍多いというようなストレートな解釈はできません。実施前の「歯肉炎あり」の人数は54％、実施後のそれは41％であり、倍率は一致しません（54 ÷ 41 = 1.32）。オッズ比は人数比と直線的な比例関係にはありません。いささか特殊な指標と考えておくべきでしょう。

例題6　便利な携帯電話の裏側で

　携帯電話はコミュニケーションツールとして私たちの生活に定着しました。中学生の所有者も年々増加しています。

　しかし、それと同時に、学校裏サイトや掲示板を使った陰湿な書き込みによるいじめの問題なども多く指摘されていることから、情報モラルの指導がますます重要になってきています。

　そこで、携帯電話の所有と人間関係の悩みの有無について、全校生徒を対象に調査しました。表2-4-9の結果から、携帯電話の所有と人間関係の悩みの有無に関連があるといえるでしょうか？

▼表2-4-9　携帯電話所有状況と悩みの有無。囲み部分の人数が多い

	観測値1：悩みあり	観測値2：悩みなし
群1：携帯電話あり	31	59
群2：携帯電話なし	45	165

● **証明したいこと（対立仮説）**

> 携帯電話を所有している生徒のほうが、悩みありの割合が大きい。

● **統計的検定の考え方**

❶ 仮説を立てる。

　対立仮説：携帯電話ありで、悩みありの割合は大きい。

　帰無仮説：携帯電話ありとなしで、悩みあり・なしの割合は等しい。

❷ データは帰無仮説に従い出現したと考える。

　「携帯電話あり：悩みあり31人、なし59人」対「携帯電話なし：悩みあり45人、なし165人」の差は偶然に出現したにすぎないと考える。

❸ 2×2表の偶然確率pを求める。

　「携帯電話あり：悩みあり31人、なし59人」対「携帯電話なし：悩みあり

45人、なし165人」(以上)の差が出現する偶然確率pを計算する。
❹ 偶然確率pの大きさを評価する。
片側検定で有意水準5％を下回ったら、「偶然に出現したのではない」(帰無仮説に従っていない)と判定する。→**有意**

● **js-STARの操作方法**
❶ 「度数の分析」から「2×2表(Fisher's exact test)」を選ぶ。
❷ セルにデータを入力する(半角で入力する)。次のセルに移るには Tab キーを使うと便利。
❸ 「計算！」ボタンをクリックする。
❹ 結果が出力される。

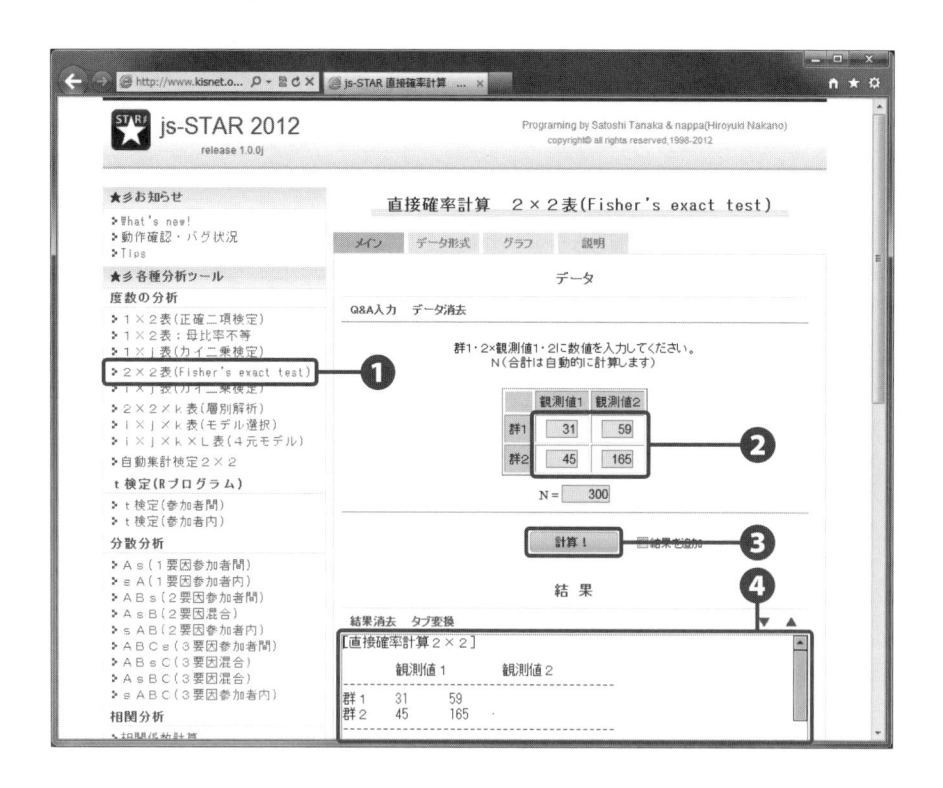

● 出力結果

```
［直接確率計算 2 × 2］

          観測値1    観測値2
----------------------------------------
群1        31        59
群2        45        165
----------------------------------------

両側検定 : p=0.0207 *（p<.05）
片側検定 : p=0.0139 *（p<.05）

Phi=0.137
----------------------------------------

［オッズ比検定］

          観測値1    観測値2
----------------------------------------
群1        31        59
群2        45        165
----------------------------------------

オッズ比 : = 1.93

＜両側検定＞
下限値 : = 1.12
上限値 : = 3.32
オッズ比による検定は、有意である（95％信頼区間、両側）

＜片側検定＞
下限値 : = 1.22
上限値 : = ∞
オッズ比による検定は、有意である（95％信頼区間、片側）
----------------------------------------
```

● グラフ

▼ 図2-4-10　群1、群2それぞれの観測値1と観測値2の比率

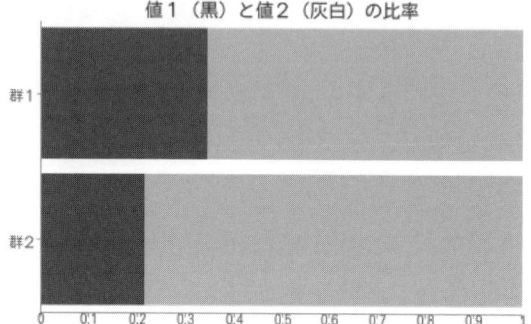

値1（黒）と値2（灰白）の比率

● 結果の書き方

携帯電話の所有の有無で、人間関係の悩みありとなしの人数を調べた。「携帯電話あり：悩みあり31人、なし59人」「携帯電話なし：悩みあり45人、なし165人」で直接確率計算を行った結果、その偶然確率は p=0.0139（片側検定）であり、有意水準5%で有意だった。また、携帯電話あり群の同なし群に対するオッズ比は1.93であり、95%信頼区間（片側）は1.22～∞と推定された。したがって、携帯電話を所有している生徒の方が所有していない生徒より、人間関係の悩みを抱えていると考えられる。

● 解説

　ここでは、検定と推定の結果を重ねて記述しています。これは望ましい結果の書き方です。

　直接確率計算による有意性検定は、携帯電話あり群と同なし群との間の差が有意であることを示していますが、その差がどの程度の大きさであるかは教えてくれません。偶然確率 p が小さければ小さいほど有意性は高くなりますが、これは差が大きいことを意味しません。

　そこで、差の大きさを評価するため、今回はオッズ比の区間推定を記載しています。片側の区間推定で下限値が1.22であり、帰無仮説（オッズ比＝

1)を棄却していることがわかります（有意）。この有意性に加えて、1.22という大きさがオッズ比 = 1 からの距離を示しています。あまりにオッズ比 = 1 に近い値なら、有意性が得られても、それほど大きな差ではないと、慎重に解釈しなければなりません。

　また、他の標本のオッズ比と比べてみることもできます。たとえば医学統計では、ある新薬を処方した効果についていろいろと対象や条件を変えて（その効果の大きさの違いを）比較しますので、こうしたオッズ比を求めることが分析の通例となっています。

　教育心理統計でも、オッズ比に限らず標本値の区間推定を必須として、効果の有無を判定するだけでなく、効果の大きさも評価する習慣をもつよう努めたいものです。

コラム 対応のあるデータではマクネマー検定

データには、「対応のある」データと「対応のない」データの2種類があります。

たとえば例題5（p.59）では、トレーニング実施前と後の歯肉炎の人数を集計しました。この例題のように、実施前と後で生徒を特定せず、人数のみを集計した場合は、実施前と3か月後で各自のデータを「対応づける」ことができません。このような場合、「対応のない」データとなります（表2-4-11）。

▼ 表2-4-11　それぞれの生徒が対応づけられないデータ

実施前	歯肉炎か？
生徒？	歯肉炎
生徒？	歯肉炎
生徒？	
生徒？	
生徒？	歯肉炎
生徒？	歯肉炎
生徒？	
生徒？	
生徒？	歯肉炎
生徒？	歯肉炎

←→ 対応なし ×

3か月後	歯肉炎か？
生徒？	
生徒？	
生徒？	
生徒？	
生徒？	
生徒？	歯肉炎
生徒？	
生徒？	
生徒？	
生徒？	

もし、次ページの表2-4-12のように生徒一人ひとりのデータがわかっていれば、各自の実施前後のデータを「対応づける」ことができます。これを「対応のある」データといいます。同じ値（歯肉炎の有無）を繰り返し観測すると、表2-4-12のような対応のあるデータが得られます。

▼ 表2-4-12　それぞれの生徒を対応づけられるデータ

実施前	歯肉炎か？
生徒1	歯肉炎
生徒2	歯肉炎
生徒3	
生徒4	
生徒5	歯肉炎
生徒6	歯肉炎
生徒7	
生徒8	
生徒9	歯肉炎
生徒10	歯肉炎

3か月後	歯肉炎か？
生徒1	
生徒2	
生徒3	
生徒4	
生徒5	
生徒6	歯肉炎
生徒7	
生徒8	
生徒9	
生徒10	

対応あり

　対応の情報が得られている場合は、表2-4-12のデータから変化のある生徒だけを数え出し、「歯肉炎あり→歯肉炎なし」対「歯肉炎なし→歯肉炎あり」で、2-2節で行った1×2表の検定を行うことができます（表2-4-13）。こうした変化の方向を考えて行う検定を、**マクネマー検定**といいます。変化のなかった生徒のデータは使用しません。

▼ 表2-4-13　それぞれの生徒に対応のあるデータ

歯肉炎あり→歯肉炎なし	歯肉炎なし→歯肉炎あり
5人	0人

　この検定を行ってみると結果は、p=0.0313（片側検定）となります。したがって、有意水準5%で有意であり、歯肉炎がなくなった生徒が歯肉炎が生じた生徒より多いといえます。

　現実的には、すべての調査において個人を特定して、異なる時期の観測値を記録しておくことは大変です。その場合は、例題6のように2×2表で分析します。

2-5

大きい表に使うカイ二乗検定

2×2表を超えた大きい表で検定を行う場合、カイ二乗値という検定統計量を計算して確率を確かめる、**カイ二乗検定**を使います。

カイ二乗検定がどのようなものか理解するため、ひとまず js-STAR は使わずに例題を解いてみましょう。

例題7　理数嫌いは本当に進んでいるか

理数嫌いが叫ばれて久しい昨今ですが、ある学校の中学1年生100人にどの教科が一番好きか、調査しました。教科別の人数は表2-5-1のようになりました。これを**実測値**といいます。

この実測値から、本当に理数嫌いが進んでいるのかを検定してみましょう。

▼ 表2-5-1　実測値:どの教科が一番好きか（人数）

国語	社会	数学	理科	英語
21	22	16	18	23

今までの検定と同じように、それぞれの教科で生徒の好みに差がないと仮定します。すると、5教科とも20名になるはずです。これを**期待値**といいます（表2-5-2）。

▼ 表2-5-2　期待値:教科の好みに差がない場合

国語	社会	数学	理科	英語
20	20	20	20	20

実測値と期待値のずれを考えてみましょう。ずれについては実測値から期待値を引けば、差が求められます（表2-5-3、図2-5-4）。

▼ 表2-5-3　各教科における実測値と期待値の差

教科	国語	社会	数学	理科	英語
実測値	21	22	16	18	23
期待値	20	20	20	20	20
差	＋1	＋2	－4	－2	＋3

▼ 図2-5-4　各教科の期待値からのずれ（黒いバー）

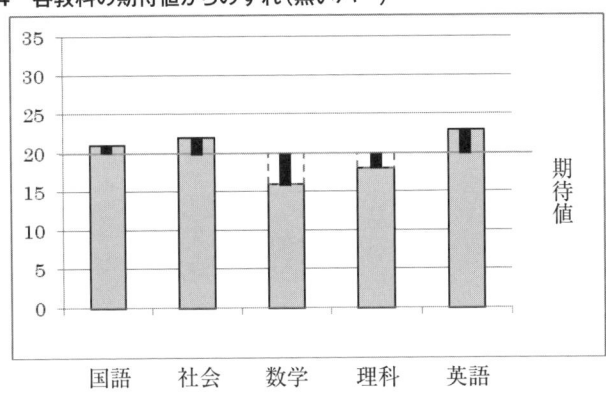

それぞれの教科についてのずれは計算できました。今回は全体として好みに差があるかどうかを知りたいので、5教科全体としてずれを計算する必要があります。

しかし、それぞれの差の総計は（＋1）＋（＋2）＋（－4）＋（－2）＋（＋3）＝0です。そのまま差を合計すると、どの場合でも0になってしまうので、これでは全体のずれがわかりません。

● カイ二乗値を求めて、カイ二乗分布で検定する

そこで全体のずれを表すのに使うのが、**カイ二乗値**（χ^2）です。計算方法は以下の通りです。

$$カイ二乗値 = \frac{(実測値 - 期待値)^2}{期待値} \text{ の合計}$$

$$\frac{(21-20)^2}{20} + \frac{(22-20)^2}{20} + \frac{(16-20)^2}{20} + \frac{(18-20)^2}{20} + \frac{(23-20)^2}{20} = 1.7$$

カイ二乗値 1.7 が求められたので、その値がどれくらいの確率で起きることなのかを求めます。確率を求めるためには、**カイ二乗分布**という偶然確率分布を用います。カイ二乗分布はあらかじめ理論的に求められている分布です。

カイ二乗分布は、**自由度**（degree of freedom）によって図 2-5-5 のように分布の形が変化します。ここで自由度とは、個々のカイ二乗分布の形を決定する指数のことです。具体的には、自由度＝データの個数 − 1 となり、今回は、自由度＝ 5 − 1 ＝ 4 となります。

図 2-5-6 は、今回参照すべき自由度 4 のカイ二乗分布です。カイ二乗値＝9.49 以上が偶然確率 5% 未満の範囲です。今回のカイ二乗値はそれよりはるかに小さく 1.7 ですので、有意水準 5% で有意といえません。つまり、その

▼ 図2-5-5　カイ二乗分布の自由度における分布の違い

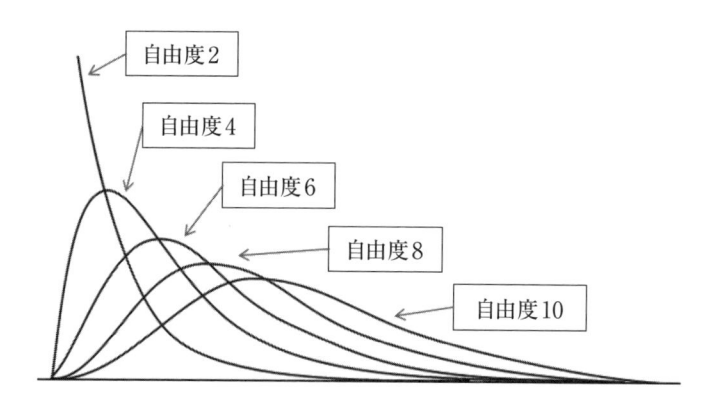

▼ 図2-5-6　自由度4のカイ二乗分布

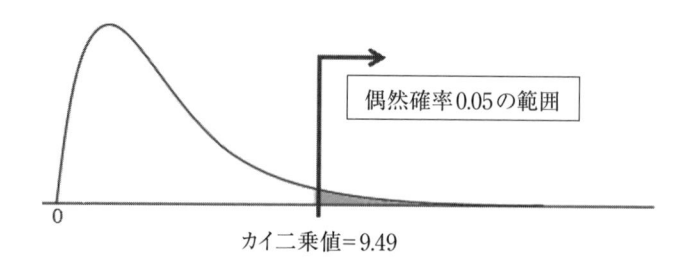

程度のずれは特別の原因がなくても偶然によく生じると考えられます。

なお js-STAR ではカイ二乗値から直接、偶然確率 p を求めてはいません。有意水準 5%のカイ二乗値が示されたカイ二乗分布表を用いて、有意差を判定しています。

● **カイ二乗検定で有意になる例**

さて、1年生では教科間の好みに差があるとはいえなかったのですが、3年生ではどうでしょうか？ 今度は中学3年生100人にどの教科が一番好きか、調査しました（表 2-5-7）。

▼ 表 2-5-7 実測値:どの教科が一番好きか（人数）

国語	社会	数学	理科	英語
20	25	10	15	30

3年生の場合は、1年生より、教科間でずれが大きいように見えます（表 2-5-8、図 2-5-9）。

▼ 表 2-5-8 各教科における実測値と期待値の差

教科	国語	社会	数学	理科	英語
実測値	20	25	10	15	30
期待値	20	20	20	20	20
差	0	＋5	－10	－5	＋10

▼ 図 2-5-9 各教科の期待値からのずれ（黒いバー）

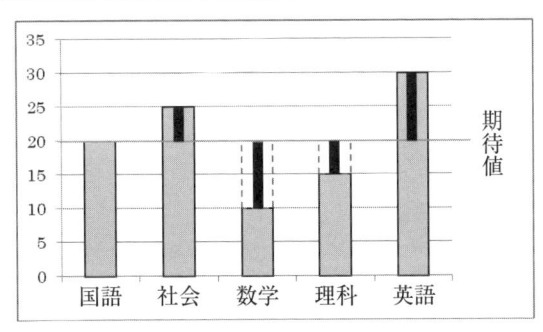

カイ二乗値を計算してみましょう。

$$\frac{(20-20)^2}{20} + \frac{(25-20)^2}{20} + \frac{(10-20)^2}{20} + \frac{(15-20)^2}{20} + \frac{(30-20)^2}{20} = 12.5$$

カイ二乗値12.5が求められましたので、その値がどれくらいの確率で起きるかを求めます。

自由度4のカイ二乗分布では、カイ二乗値が9.49より大きいとき、偶然確率5％未満の範囲となります（図2-5-10）。よって、カイ二乗値12.5は9.49より大きく偶然確率は5％未満であり、偶然にはめったに起きないことが起きている、つまり、教科間で好き嫌いの差があるといえそうです。

▼ 図2-5-10　自由度4のカイ二乗分布

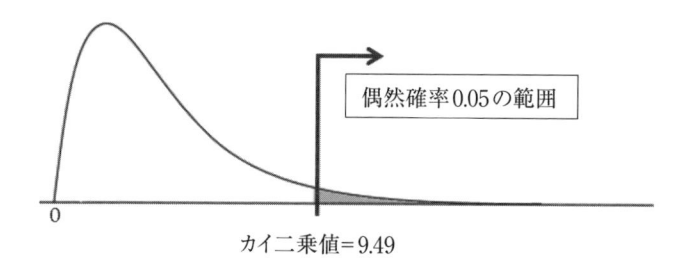

それでは次の例題で、実際にjs-STARでカイ二乗検定を行ってみましょう。3×2の大きさの表を使って、3群のデータを分析することにします。

例題8　3クラスでインフルエンザ罹患者数に差はあるか

3クラスのインフルエンザ罹患者数を調査しました。3クラスで罹患者数に差はあるでしょうか？（表2-5-11）

● 証明したいこと（対立仮説）

> 学級間で罹患者数に違いがある。

▼ 表2-5-11　3クラスにおけるインフルエンザ罹患者数

	観測値1： 罹患者	観測値2： 非罹患者
群1：A組	9人	21人
群2：B組	4人	26人
群3：C組	14人	16人

● 統計的検定の考え方

❶ 仮説を立てる。

　対立仮説：学級間で罹患者数に違いがある。

　帰無仮説：学級間で罹患者数は等しい。

❷ データは帰無仮説に従い出現したと考える。

　表2-5-11の差は偶然に出現したと考える。

❸ 偶然確率pを求める。

　検定統計量（カイ二乗値）を使って偶然確率pを計算する。

❹ 偶然確率pの大きさを評価する。

　有意水準5％を下回ったら、「偶然に出現したのではない」（帰無仮説に従っていない）と判定する。→有意

● js-STARの操作方法

❶ 「度数の分析」から「i×j表（カイ二乗検定）」を選ぶ（次ページ手順図参照）。

❷ セル数を設定する。ドロップダウンリストを選び、「縦（行）：[3]×横（列）：[2]」とする。

❸ セルにデータを入力する（半角で入力する）。次のセルに移るには Tab キーを使うと便利。

❹ 「計算！」ボタンをクリックする。

❺ 結果を見る。

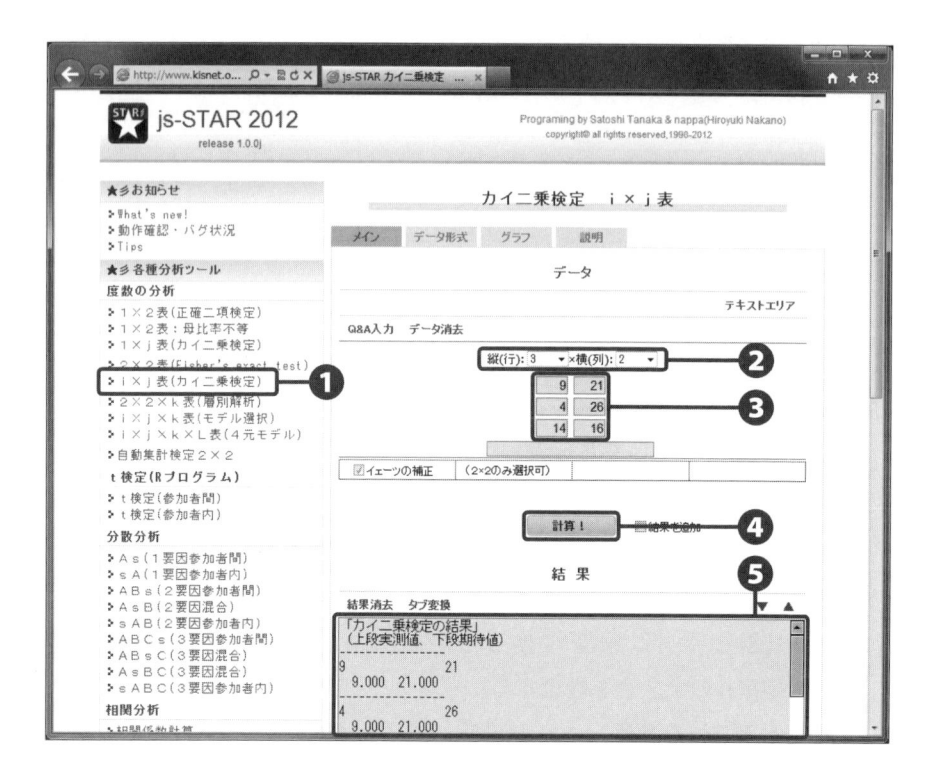

● 出力結果

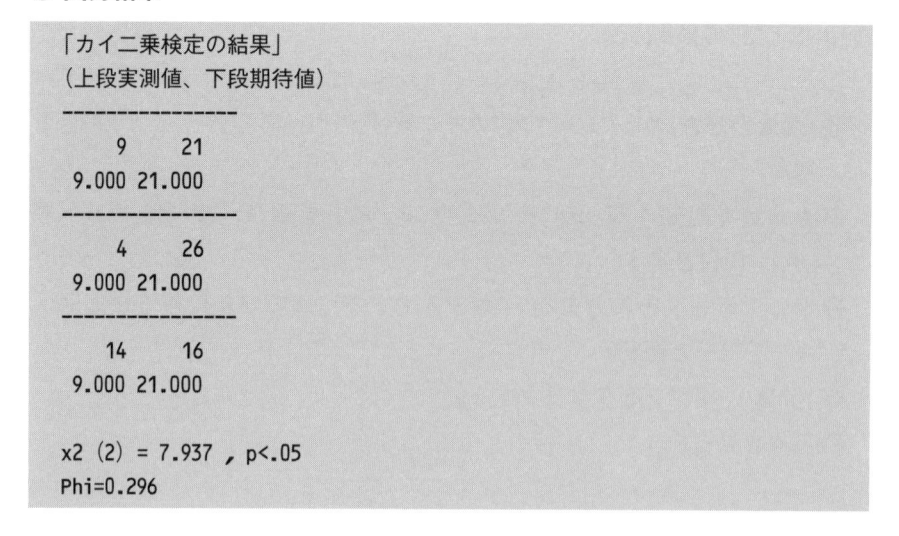

```
「カイ二乗検定の結果」
(上段実測値、下段期待値)
----------------
    9    21
 9.000 21.000
----------------
    4    26
 9.000 21.000
----------------
   14    16
 9.000 21.000
----------------

x2 (2) = 7.937 , p<.05
Phi=0.296
```

2-5 大きい表に使うカイ二乗検定

```
「残差分析の結果」
(上段調整された残差、下段検定結果)
----------------
 0.000  0.000
 ns     ns
----------------
-2.440  2.440
 *      *
----------------
 2.440 -2.440
 *      *
----------------
+ p<.10 * p<.05 ** p<.01
```

カイ二乗検定の結果が、例題7でみた期待値とともに出力されます。

「残差分析の結果」の部分については、この後で読み方を解説します。この部分は「調整された残差」の表として、結果を書く際に使用します。

● グラフ

▼ 図2-5-12 各クラスの罹患者と非罹患者の人数の比率

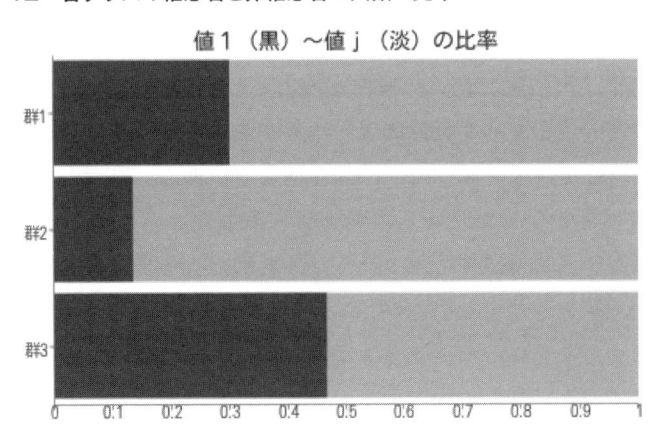

値1（黒）〜値j（淡）の比率

● 結果の書き方

3つのクラスについて、インフルエンザ罹患状況を調査した。カイ二乗検定を行った結果、クラス間の人数差が有意だった（$\chi^2(2)=7.937$、$p<.05$）。

▼ 調整された残差

	罹患者	非罹患者
A 組	0	0
B 組	−2.440 *	2.440 *
C 組	2.440 *	−2.440 *

(+ p<.10　　* p<.05　　** p<.01　　)

残差分析の結果（上の「調整された残差」の表を掲載する）、B組では罹患者が有意に少なく、C組では罹患者が有意に多かった。

● 解説

この「調整された残差」の表における有意差は、3クラス間の相対的な差を意味します。B組で「罹患者が有意に少ない」とは、他のクラスに比べて罹患者が少ないということであり、C組で「罹患者が有意に多い」とは、他のクラスに比べて罹患者が多いということです。実際にC組では罹患者と非罹患者は「14人対16人」であり、実人数として罹患者が多いというわけではありません。

さて、カイ二乗検定では、データからカイ二乗値（χ^2）という統計量を求め、この統計量を介して近似的に偶然確率を求めます。

カイ二乗値は実測値と期待値とのずれを表し、カイ二乗値が大きいほど偶然には出現しないケースになります（偶然確率pは小さくなる）。ここで、期待値とは、「3クラス間に差がないと仮定すると、これくらいの人数になるだろう」と予想される値であり、3×2表の周辺度数（行の小計と列の小計）から計算します（次ページ表2-5-13）。

[期待値の計算例]

　A組の罹患者9人に対する期待値は　$90 \times 0.333 \times 0.3 = 9$人

2-5 大きい表に使うカイ二乗検定

▼ 表2-5-13　3クラスで差がないとした場合の各行・各列の比率を求める

	罹患者	非罹患者	行の計	各行の比率
A組	9	21	30	30 ÷ 90 = 0.333
B組	4	26	30	30 ÷ 90 = 0.333
C組	14	16	30	30 ÷ 90 = 0.333
列の計	27	63	N=90	
各列の比率	27 ÷ 90 = 0.3	63 ÷ 90 = 0.7		

B組の罹患者4人に対する期待値は　90 × 0.333 × 0.3=9人
‥‥
A組の非罹患者21人に対する期待値は　90 × 0.333 × 0.7=21人
B組の非罹患者26人に対する期待値は　90 × 0.333 × 0.7=21人

　クラス間に差がなく、どのクラスも3クラス全体の傾向（周辺度数）に従った人数が出現するなら、A組のように実測値9人と期待値9人は一致しますが、クラス間に差があるとB組のように実測値4人と期待値9人は大きなずれを生じます。このずれの大きさが偶然に出現する程度かどうかを評価するのがカイ二乗検定です。

　具体的には、カイ二乗値の計算は、ずれの±を消した大きさ（二乗値）を期待値1個分に換算します。

$$\frac{(9-9)^2}{9} + \frac{(4-9)^2}{9} + \frac{(14-9)^2}{9} + \frac{(21-21)^2}{21} + \frac{(26-21)^2}{21} + \frac{(16-21)^2}{21} = 7.937$$

　このようにカイ二乗値は、3×2表の各セル（表中のマス目）のずれを、6セル分すべて足し上げていきますので、表が大きくなると値も大きくなります。そこで、表の大きさ（i×j）から、自由度＝（i－1）×（j－1）を求め、カイ二乗値に添えることにしています。「$\chi^2(2) = 7.937$」と表記したときのカッコ内の「2」が自由度です。あるいは、「$\chi^2 = 7.937, df = 2$」と表記します。一般に、カイ二乗値だけでなく統計量の出方を示す指数として、自由度は各種の統計量に付記されます。

なお、ある大きさのカイ二乗値が、特定の自由度で偶然に出現する確率はカイ二乗分布として理論的に求められていますので、これに照合してカイ二乗値の有意性を判定します。カイ二乗値（ずれの大きさ）が有意水準5％で有意なら（p<0.05）、それだけクラス間に差があることになります。

カイ二乗検定の結果が有意だったときの事後分析として、js-STARは自動的に**残差分析**を行います。その出力を見て、3×2表のどのセルが3クラス全体の傾向からずれていたかを判定します。残差は各セルのずれを標準正規分布（平均0、標準偏差1。図2-5-14）に従うように調整した値ですので、一律の基準で評価できます。すなわち、どの残差もその絶対値が1.96より大きければ、両側あわせて偶然確率は5％以下となり、有意です。js-STARの出力ではすでに検定が済んでいますが、有意性のマークが付いた残差がすべて絶対値1.96以上であることを確認してみてください。

この1.96は「一苦労（ひとくろう）」と読みます。残差を見るときは、一苦労の甲斐があったかどうかを確かめることになります。

▼ 図2-5-14　標準正規分布で絶対値1.96を超える部分の偶然確率は5％

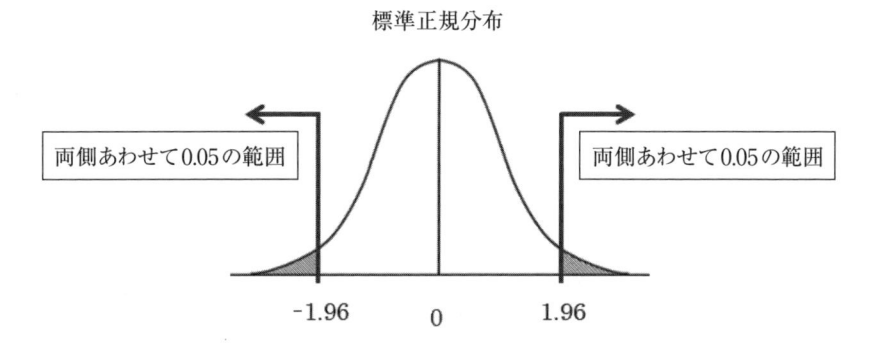

練習問題4　寝つきのよさに学年間で差はあるか

全校生徒に夜の睡眠時の寝つきについてたずねました。結果は表2-5-15のようになりました。

そこで回答の選択肢1と2を併合し「寝つきがよい」、3と4を併合し「寝つきがわるい」として、表に整理しました（表2-5-16）。学年間で人数に差があるといえるでしょうか？ （解答は p.201）

▼表2-5-15 アンケートの結果

	1. いつもすぐ眠れる	2. すぐに眠れる日の方が多い	3. すぐに眠れない日の方が多い	4. いつもすぐに眠れない
小学1年	19	11	2	2
小学2年	19	7	6	1
小学3年	19	12	10	6
小学4年	6	14	11	8
小学5年	16	16	5	9
小学6年	13	13	13	5

▼表2-5-16 選択肢を併合した

	よい	わるい
小学1年	30	4
小学2年	26	7
小学3年	31	16
小学4年	20	19
小学5年	32	14
小学6年	26	18

練習問題5　男女間で好みの種目の割合に差があるか

全校生徒に、球技大会の種目アンケートを取りました（表2-5-17）。男女間で好みの種目の割合に差があるといえるでしょうか？ （解答は p.202）

▼表2-5-17 球技大会の種目アンケート結果

	サッカー	バレーボール	バスケットボール
男子	42	35	73
女子	62	41	37

js-STARでエクセルのデータを入力する

js-STARではグリッドの数が多くなる手法については、エクセルなどの表計算ソフトから、データをかんたんにコピー&ペーストできる機能を用意しています。グリッド下部にある、横長のテキストボックスがそれです。以下に「i×j表（カイ二乗検定）」を例にとって、操作手順を示します。他の手法でも操作は同様ですので参考にしてください。

❶ 最初にグリッドの行・列数をドロップダウンリストで設定する。
❷ グリッドの下部にある、横長のテキストボックスをクリックする。するとテキストボックスが広がり、データをペーストできるようになる。

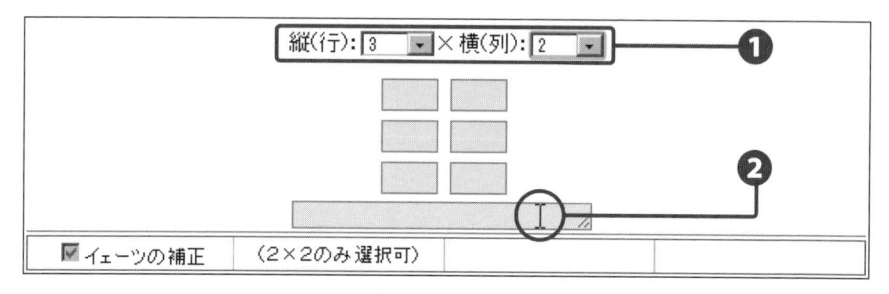

❸ 広くなったテキストボックスに、エクセルのデータをペースト。続いてテキストボックス右下の「代入」をクリックすると、グリッドにデータが入力される。

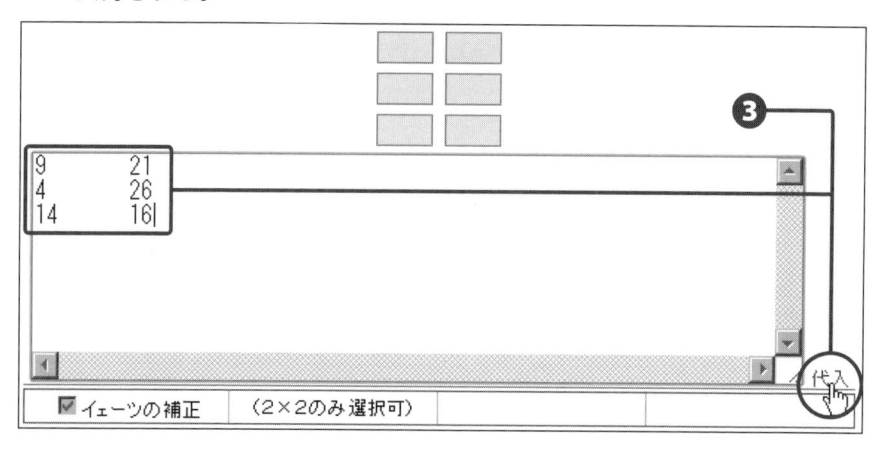

　なお、テキストボックスからグリッドへ代入できるデータは、エクセルのデータに限りません。数字をタブ区切りしたものだけでなく、半角スペースやカンマ、リターンなどで区切ったデータなら、グリッドの左上から順に一括入力できます。データの確認や修正がひじょうに楽になります。ぜひご活用ください。

:コラム 1×2表と2×2表以外の直接確率計算

　js-STARで行うことのできる直接確率計算は、1×2表、1×2表（母比率不等）、2×2表のタイプしかありません。

　現実には、直接確率計算は1×2表と2×2表にしか用いられないのかというと、そうではありません。それ以上だとアルゴリズムが非常に複雑になるのと、カイ二乗検定を使えば済むケースが多いということで実装していません。

　本書では詳しく説明しませんが、js-STARではフリーの統計解析ソフトウェアRとの連携ができます。いくつかの分析メニューにデータを入力し計算すると、js-STARの分析結果とともにRプログラム（R言語で書かれた統計分析プログラム）を同時に出力します。

　本節で行ったようにi×j表でデータを入力して「計算！」ボタンをクリックすると、js-STARはカイ二乗検定の結果を出力します。同時に、結果エリアの下にある「Rプログラム」のテキストボックスに、直接確率計算（フィッシャーの正確検定）を行うためのRプログラムを出力します。このプログラムをRへコピー＆ペーストすれば、1×2表と2×2表以上でも直接確率計算を実行することができます。

　カイ二乗検定の偶然確率pは近似ですが、直接確率計算の偶然確率pは正確です。特に表の中に小度数がある場合には、カイ二乗検定の近似が悪くなるので、直接確率計算を実行することをおすすめします。

　カイ二乗検定の近似を改善するため、js-STARのカイ二乗検定i×j表は、2×2のときに、イェーツの補正を実行しています。2×2より大きな集計表では、次の制約条件に注意してください。

・実測値0のセルがないこと
・期待値5以下のセルが全セル数の20％以内であること

　この制約条件を満たさない場合は、実測値を増やすか（推奨）、実測値を併合して「その他」のようなカテゴリーをつくるようにします。

2-6
複数項目から有意差のある2×2表だけを自動出力

　js-STARでは、調査項目からその項目同士の関連を総当たりで調べ、有意差のある2×2表を自動的に出力することができます。まさにコンピュータだからこそできるやり方であり、手動では気づくことのできなかった新しい知見を探り出せる可能性があります。

　この方法をマスターすることが、本書における度数の分析のゴールです。

js-STARで多項目アンケートを自動分析する

　js-STARの機能である「自動集計検定2×2」は、複数の項目を総当たりで2×2表に集計し、有意差のある表だけを出力するというものです。

　今までの例題では、回答者が1項目か2項目の質問に回答する例を取り上げてきましたが、通常のアンケートでは、1人の回答者が何項目もの質問に回答する場合が多いでしょう。回答者のプロフィールだけでも、性別、年齢（学年）、所属（クラス）で、すでに3項目の回答が得られます。これに調査項目を加えると、数十項目のデータマトリクス（回答者×調査項目）はすぐにできるでしょう。

　こうした多項目のデータをクロス集計し、関連する項目どうしを見つけ出すことは大変な分析作業になります。現実には、せっかく多項目のデータがありながら、単一の項目別の集計で終わっている分析例をよく見かけます。全項目総当たりで2×2表を作り、その集計した度数をいちいち2×2表に入力し検定する手間は膨大なものになりますから、無理もありません。

　そこで、js-STARの「自動集計検定2×2」を使います。この分析では、2×2表は、2項目だけの2分割の集計になりますが、回答が整数値で、かつ連続的に併合可能であれば（たとえば5段階評定のように1～2段階と3

〜5段階のような2分割が意味をもつなら）、何段階のデータにも適用可能です（22歳〜65歳のような数値データでも可）。

それでは例題を解きながら、分析例を見てみましょう。

例題9　アンケートから新しい知見を探る

クラスアンケートを実施しました。質問は3つです（図2-6-1）。あくまでもクラスの雰囲気についての質問であり、特定の個々人を想定しないように注意してから、アンケートを行いました。

▼ 図2-6-1　クラスアンケートの内容

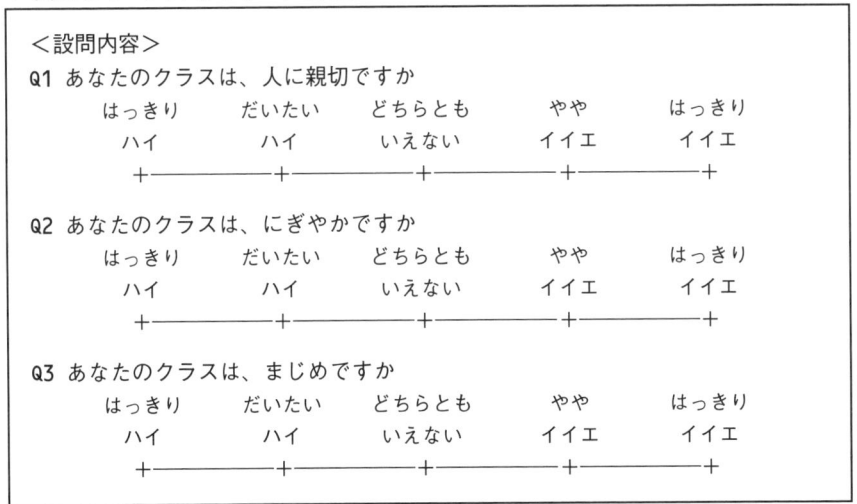

```
＜設問内容＞
Q1  あなたのクラスは、人に親切ですか
       はっきり    だいたい    どちらとも    やや      はっきり
       ハイ        ハイ        いえない      イイエ    イイエ
       +―――――+―――――+―――――+―――――+

Q2  あなたのクラスは、にぎやかですか
       はっきり    だいたい    どちらとも    やや      はっきり
       ハイ        ハイ        いえない      イイエ    イイエ
       +―――――+―――――+―――――+―――――+

Q3  あなたのクラスは、まじめですか
       はっきり    だいたい    どちらとも    やや      はっきり
       ハイ        ハイ        いえない      イイエ    イイエ
       +―――――+―――――+―――――+―――――+
```

各設問について、5段階評価は数値にします。「はっきりハイ」「だいたいハイ」「どちらともいえない」「ややイイエ」「はっきりイイエ」の順に5、4、3、2、1とします。

こうして集めた回答に、性別のデータを付け加えて、分析することにします。性別は数値ではないので、そのままでは分析することができません。ですから男子を1、女子を2として数値化します。

その結果をまとめると、表2-6-2となりました。これを使って自動集計し

てみましょう。

▼ 表2-6-2　アンケート結果

生徒 （参加者数10人）	変数1： 性別	変数2： 親切	変数3： にぎやか	変数4： まじめ
生徒1	1	4	3	4
生徒2	1	4	3	5
生徒3	2	1	4	3
生徒4	1	5	3	5
生徒5	2	3	5	2
生徒6	1	5	4	4
生徒7	2	4	4	3
生徒8	1	5	3	5
生徒9	2	2	4	3
生徒10	2	4	3	4

● js-STARの操作方法

❶「度数の分析」から「自動集計検定2×2」を選ぶ。

❷「データエリア」左上の「Q＆A入力」をクリックする。最初に対象者数「10」を入れて[OK]、続いて変数の数「4」を入れて[OK]をクリック。確認ダイアログが出るのでさらに[OK]し、ダイアログの指示にしたがって10人分のデータを入力する。順番としては、生徒1の変数1、変数2、変数3、変数4、続いて生徒2の変数1、変数2…という流れで10人分を入力。

❸「計算！」ボタンをクリック。出力する表の片側確率の上限を求められるので、ここでは10％を目安として「0.1」と入力し[OK]をクリック。

❹ 結果を見る。

補足　「Q＆A入力」で個々のデータを入力しているときに、入力ミスに気がつくことがあります。そんなときは特別な記号として「＊」（半角アスタリスク）を入力すると、1つ前のデータ入力に戻ることができます。また、入力を中断する場合は「＃」（半角シャープ）を入れます。

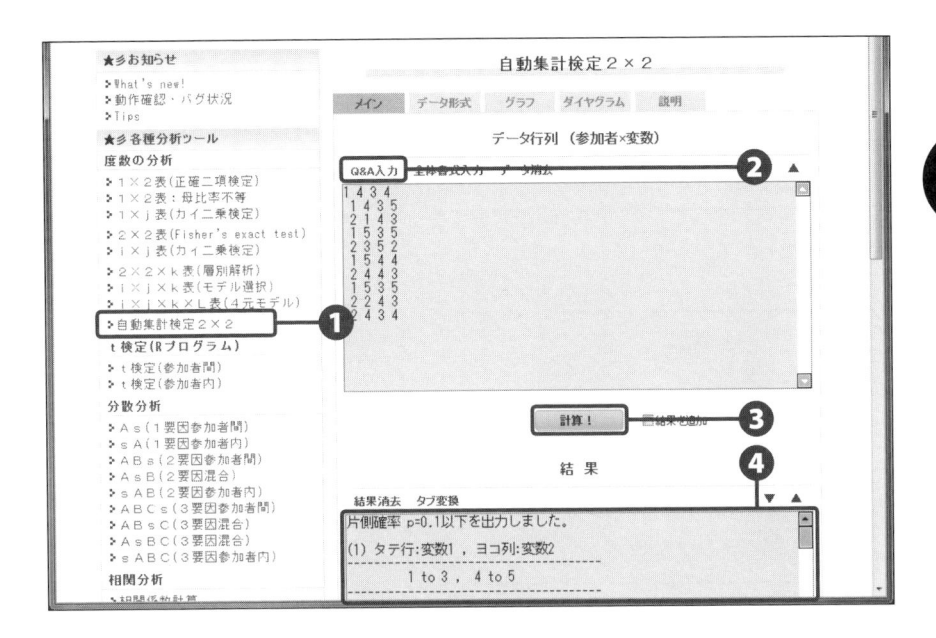

2-6 複数項目から有意差のある2×2表だけを自動出力

補足 「自動集計検定2×2」では、エクセルなどにデータが入力されていれば、「Q＆A入力」は使わずに、元データをテキストボックスに直接コピー＆ペーストすることもできます（図2-6-3）。なお「計算！」ボタンをクリックすると、テキストボックスの中のタブが半角スペースに変換され、また1行目だけデータがずれて表示されますが、これはjs-STARの仕様です。

▼ 図2-6-3　エクセルからコピー＆ペーストで直接入力したところ

データ行列（参加者×変数）

Q&A入力	全体書式入力	データ消去
1	4	3	4
1	4	3	5
2	1	4	3
1	5	3	5
2	3	5	2
1	5	4	4
2	4	4	3
1	5	3	5
2	2	4	3
2	4	3	4

補足 間違えたデータはテキストボックスの中で直接修正することも可能です。

● **出力結果（一部抜粋）**

```
(3) タテ行：変数1，ヨコ列：変数4
------------------------------------
          2 to 3 , 4 to 5
------------------------------------
1 to 1: 0      , 5
2 to 2: 4      , 1
------------------------------------
p=0.048（両側確率）
p=0.024（片側確率）
Phi=0.816


(6) タテ行：変数2，ヨコ列：変数4
------------------------------------
          2 to 3 , 4 to 5
------------------------------------
1 to 3: 3      , 0
4 to 5: 1      , 6
------------------------------------
p=0.033（両側確率）
p=0.033（片側確率）
Phi=0.802
```

> ここで、
> 変数1：性別
> 変数2：親切
> 変数3：にぎやか
> 変数4：まじめ
> であり、
> 出力（3）は
> 「縦：性別×横：まじめ」
> 出力（6）は
> 「縦：親切×横：まじめ」
> の表。

　実際にはもっと多くの2×2表が出力されますが、ここでは解釈の例を示すため、重要な2つの表のみを抜粋します。

● **解説**

　出力された集計表の中から有益なものを選択します。例えば出力（6）ではp = 0.033（片側確率）です。クラスの「親切」という問いに肯定的（否定的）な生徒は、「まじめ」に対しても肯定的（否定的）な傾向が見られます。「親切」と「まじめ」に共通する性質として、"思いやり"が推測されます。

　また、出力（3）では、男子生徒がクラスのまじめさに対して肯定的なのに対し、女子は否定的です。

　出力（6）の結果と合わせると、男女間で思いやりの受け止め方が異なっ

ていると考えられ、お互いを思いやる気持ちを育むことがクラスの今後の課題ととらえることができるでしょう。

p.41 の解説にもあるように、このようなアンケートは実験室で行う検証実験とは違い、様々な要因が加わっていることが考えられます。有意水準を1％や5％とせず、10％〜15％を目安として問題を発見し、改善を行っていくのがよいでしょう。

js-STARの単独集計ユーティリティと連携させる

多項目アンケートを分析するのに、js-STAR の機能である「単独集計ユーティリティ」と「自動集計検定2×2」を連携させると、さらに便利です。

多少手順は長くなりますが、実際に例題を解いてみて、その威力を実感してみましょう。

例題10　アンケートで集計結果を眺めたのち、知見を探る

学校評価アンケート（次ページ図 2-6-4）を保護者に実施しました。10 人に回答を得ましたので、これをデータにまとめたいと思います。

● **データの構造**

データが多くなりますので、さすがに手で1つひとつ入力するのは手間になります。最初に、エクセルの表計算ソフトなどで、データファイルを作りましょう。ここではエクセルを使うことにします。

データの入力のしかたを順に説明していきます。完成データ（p.91 表 2-6-5）も参考にしながらお読みください。

▼ 図2-6-4　学校評価アンケートの内容

```
性別（男・女）　　年齢（　　）歳
［評定質問］
　Q1 お子様は、元気で学校に出かけて行きますか。

　　　　はっきり　　だいたい　　どちらとも　　やや　　　はっきり
　　　　ハイ　　　　ハイ　　　　いえない　　　イイエ　　イイエ
　　　　+————+————+————+————+


　Q2 本校の教育活動について十分な情報が得られていますか。

　　　　はっきり　　だいたい　　どちらとも　　やや　　　はっきり
　　　　ハイ　　　　ハイ　　　　いえない　　　イイエ　　イイエ
　　　　+————+————+————+————+


　Q3 本校の教職員は熱意をもって適切に子どもたちに接していると思われますか。

　　　　はっきり　　だいたい　　どちらとも　　やや　　　はっきり
　　　　ハイ　　　　ハイ　　　　いえない　　　イイエ　　イイエ
　　　　+————+————+————+————+


［評定質問］
　Q4 お子様に特に身につけてほしい（高めてほしい）と思われる資質を2つま
　　　で選び、○を付けてください。
　・知　力
　・情　操
　・意　志
　・体　力
　・社会性


［記述質問］
　Q5 上記の質問に関連したことや、この他にお気づきのことがありましたら、
　　　以下に自由にお書きください。
```

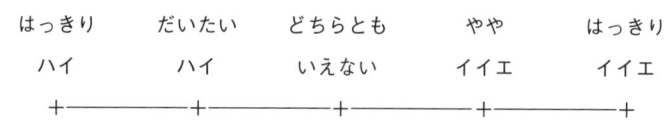

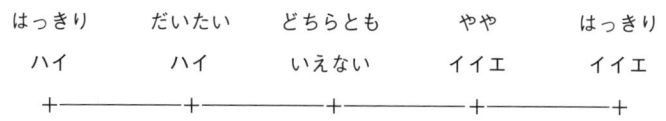

▼ 表2-6-5　アンケート結果をまとめて完成したデータ

No	性別	年齢	評定質問			選択質問 Q4					記述質問		
			Q1	Q2	Q3	s1	s2	s3	s4	s5	k0	k1	k2
1	1	44	1	2	4	1	0	1	0	0	1	2	0
2	2	43	5	4	4	0	0	1	0	1	1	2	0
3	2	44	2	2	4	1	0	1	0	0	1	2	0
4	1	38	4	2	5	1	1	0	0	1	1	2	1
5	2	33	3	4	1	0	1	0	1	0	1	1	1
6	2	34	4	2	1	1	0	0	0	0	1	2	0
7	2	42	5	2	5	1	0	0	0	1	1	0	2
8	2	35	3	1	1	0	0	1	0	0	1	1	2
9	2	31	2	3	4	0	0	0	0	1	1	0	0
10	2	33	5	3	1	0	1	0	1	0	0	0	0

・「No」は、回答者の連番を1から振ります。
・「性別」は、男：1、女：2と入力します。
・「年齢」は、そのまま数値を入力します。
・［評定質問］Q1 ～ Q3は、「はっきりハイ」「だいたいハイ」「どちらともいえない」「ややイイエ」「はっきりイイエ」の順に5、4、3、2、1とします。
・［選択質問］Q4は、5つの選択肢ごとに入力します。そのため、s1 ～ s5の列を用意します。非選択は値 = 0、選択は値 = 1です。なお、選択質問は1人2個まで○を付けることになっていますが、時として3個～5個付ける人もいます。しかし、そのまま入力しておきましょう。
・［記述質問］は3つの判定をします。記述自体の有無（k0）、及び記述中の「不満・疑問」の有無（k1）、記述中の「意見・要望」の有無（k2）です。値 = 0は無し、値 = 1は有り、値 = 2は特に"取り上げるべき価値あり"です（k0に値 = 2はありません）。

なお、実際にアンケートで無回答（欠損値）があった場合には「NA」を入力しておきましょう。NAは「Not Available（利用できない）」の略で、「単独集計ユーティリティ」ではエラー（E）として集計されます。

なお、記述質問についてどんな内容に注目するかは研究目的によりますが、ここでは2つの内容をチェックすることにしました。「不満・疑問」と「意見・要望」です。このほかにも記述内容は「印象・雑感」「激励・謝辞」などいろいろあるでしょうが、今回は分析対象としないことにします。

● 単独集計による分析

js-STARを使えば、13項目すべての単独集計とクロス集計が、30秒以内で完了します。これが50項目でも100項目でも同じです（筆者たちなら10秒以内、初心者でも1分以内で終わるでしょう）。表2-6-5のデータファイルの数値部分を、js-STARのテキストボックスに貼り付けて、ボタンを押すだけです。まず、個々の項目を単独で集計してみましょう。

❶ js-STARを立ち上げる。続いてデータの入ったエクセルのファイルを開き、エクセルから「No.」以外のデータ部分をコピーする。

	A	B	C	D	E	F	G	H	I	J	K	L	M	N	O
1				評定質問			選択質問 Q4					記述質問			
2	No	性別	年令	Q1	Q2	Q3	s1	s2	s3	s4	s5	k0	k1	k2	
3	1	1	44	1	2	4	1	0	1	0	0	1	2	0	
4	2	2	43	5	4	4	0	0	0	0	1	1	2	0	
5	3	2	44	2	2	4	0	0	1	0	0	1	2	0	
6	4	1	38	4	2	5	1	1	0	0	0	1	2	0	
7	5	2	33	3	4	1	0	0	1	0	0	1	1	1	
8	6	2	34	4	2	2	1	0	0	0	0	1	2	0	
9	7	2	42	5	2	5	1	0	0	0	1	1	0	2	
10	8	2	35	3	1	1	0	0	1	0	0	1	1	0	
11	9	2	31	2	3	4	0	0	0	0	1	1	0	0	
12	10	2	33	5	3	1	0	1	0	1	1	0	0	0	
13															
14															

❷ js-STARメニューの下のほうにある「ユーティリティ」の「単独集計」を選ぶ。「データエリア」のテキストボックスにエクセルのデータをペーストする（テキストボックス内で右クリックし「貼り付け」などで行う）。

❸「集計！」ボタンをクリックする。

❹ 結果が出るので、必要であればエクセルに貼り付けて保存する。

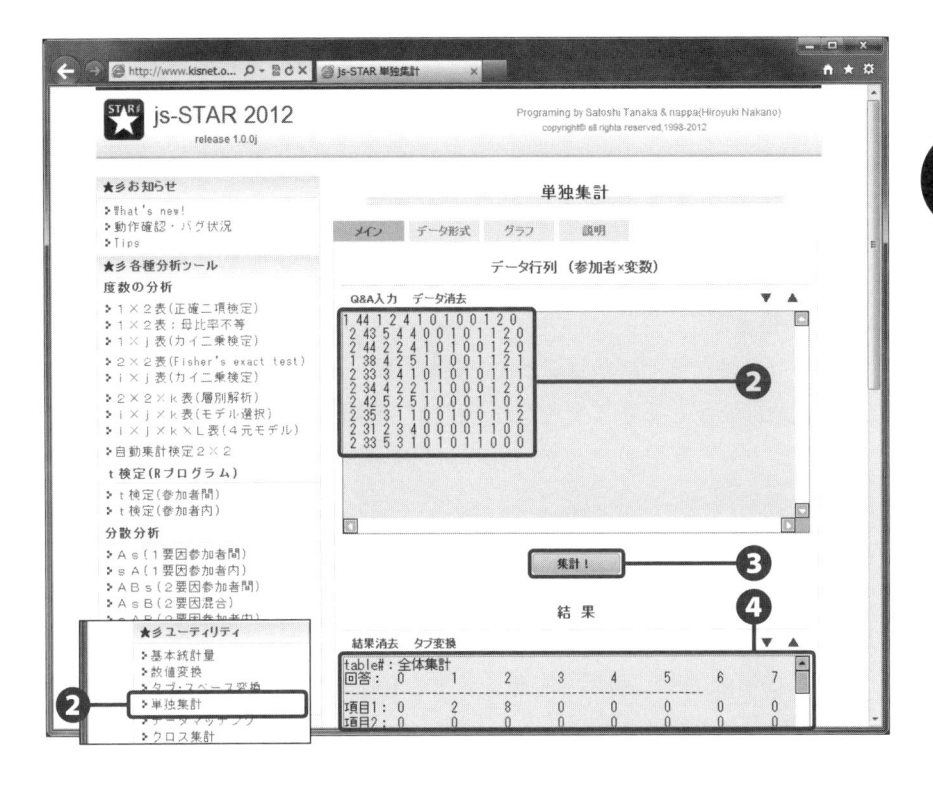

2-6 複数項目から有意差のある2×2表だけを自動出力

● 出力結果

結果は以下のようになります。「項目1」～「項目12」は各項目に機械的に付けられます（左側に、対応する質問項目の見出しを付けています）。読み方については、次項の「結果の書き方」であわせて説明します。

```
       回答 : 0 1 2 3 4 5 6 7 8 9 10以上  E  N  Mean    S.D.
------------------------------------------------------------
性別|  項目1 : 0 2 8 0 0 0 0 0 0 0  0    0 10  1.8000  0.4000
年齢|  項目2 : 0 0 0 0 0 0 0 0 0 0 10    0 10 37.7000  4.8590
Q 1|   項目3 : 0 1 2 2 2 3 0 0 0 0  0    0 10  3.4000  1.3565
Q 2|   項目4 : 0 1 5 2 2 0 0 0 0 0  0    0 10  2.5000  0.9220
Q 3|   項目5 : 0 3 1 0 4 2 0 0 0 0  0    0 10  3.1000  1.5780
s 1|   項目6 : 5 5 0 0 0 0 0 0 0 0  0    0 10  0.5000  0.5000
s 2|   項目7 : 6 4 0 0 0 0 0 0 0 0  0    0 10  0.4000  0.4899
s 3|   項目8 : 6 4 0 0 0 0 0 0 0 0  0    0 10  0.4000  0.4899 (次ページに続く)
```

```
s 4 |  項目9 : 8 2 0 0 0 0 0 0 0 0 0        0 10 0.2000  0.4000
s 5 |  項目10: 5 5 0 0 0 0 0 0 0 0 0        0 10 0.5000  0.5000
k 0 |  項目11: 1 9 0 0 0 0 0 0 0 0 0        0 10 0.9000  0.3000
k 1 |  項目12: 3 2 5 0 0 0 0 0 0 0 0        0 10 1.2000  0.8718
k 2 |  項目13: 6 2 2 0 0 0 0 0 0 0 0        0 10 0.6000  0.8000
--------------------------------------------------------------
```

● **結果の書き方**

　単独集計では、個々の項目ごとに、値0、1、…9、10以上の人数集計、または選択総数を示します。また、行末には、平均値と標準偏差を示しています。Eはエラー、Nは対象者数、Meanは平均値で、S.D.は標準偏差（簡単にいうと数値のばらつきの大きさ、p.133）です。それでは読み方と、結果の書き方について解説していきましょう。

　項目1は性別です。値1が2人、値2が8人であり、このまま回答者の情報として示します。女性の保護者が多く回答したことがわかります。

　項目2は年齢です。値が9を超えると、10以上として分類されますが、平均と標準偏差が計算されていますので、これを結果として示します。平均年齢37.7歳、（標本）標準偏差4.86です。

　項目3、項目4、項目5は、評定質問Q1、Q2、Q3に対応します。5段階評定なので段階1～5の人数が集計されます。そのまま5段階の集計を（実人数または％として）示すか、あるいは平均と標準偏差を示します。Q1なら、平均3.40、（標本）標準偏差1.36です。

　項目6～項目10は、選択質問Q4の5つの選択肢に対応します。値0は非選択、値1は選択です。値1の人数から**選択率**（％）を求め、個々の選択肢の選択率を示します（この例では「複数回答」と付記します）。選択肢1（s1）なら、選択率0.50です（50％と表記してもよい）。

　項目11、項目12、項目13は、記述質問に対する3つの判定を表します。記述自体の有無（k0)、及び記述中の「不満・疑問」の有無（k1）、記述中の「意見・要望」の有無（k2）です。値＝0は無し、値＝1は有り、値＝2は"取り上げるべき価値あり"です（k0に値＝2はありません）。それぞれ

値＝1以上の人数を回答率（％）として示せばよいでしょう。
例えば、次のように記載します。

> 記述回答（k0）は全体の90％、「不満・疑問」の回答者が70％、「意見・要望」の回答者が40％であった。
> （※分母を9人として、回答者中の割合7/9、4/9を示してもよい）

● **自動集計検定による分析**

さて、各項目の単独集計の次に、クロス集計へ進みましょう。

現実には、クロス集計まで行かず、単独集計で終わっているアンケート調査が多く見られます。それは金鉱脈が眠っている山を目の前にして引き返すような、たいへん「もったいない」ことです。しかし、この例の全13項目のクロス集計でも、78通りの表ができあがり、それらをいちいち検定するという膨大な作業ですので、手を出しにくいことも理解できます。

そこで、js-STARの「自動集計検定2×2」です。整数値のデータであれば何でもよく、性別のような2値データでも、年齢のような不特定の2桁（あるいは3桁）のデータでも、評定質問でも選択質問でも記述質問でも、とにかく2値以上の整数が入力されていれば実行可能です。隠れた有望な知見を掘り出してくれます。

❶「度数の分析」から「自動集計検定2×2」を選ぶ。
❷「データエリア」のテキストボックスに、単独集計のときにペーストした、エクセルのデータを貼り付ける（テキストボックス内で右クリックし「貼り付け」などで行う。次ページ手順図参照）。
❸「計算！」ボタンをクリック。出力する表の片側確率の上限を求められるので、ここでは10％を目安として「0.1」と入力し［OK］をクリック。
❹ 結果を見る。

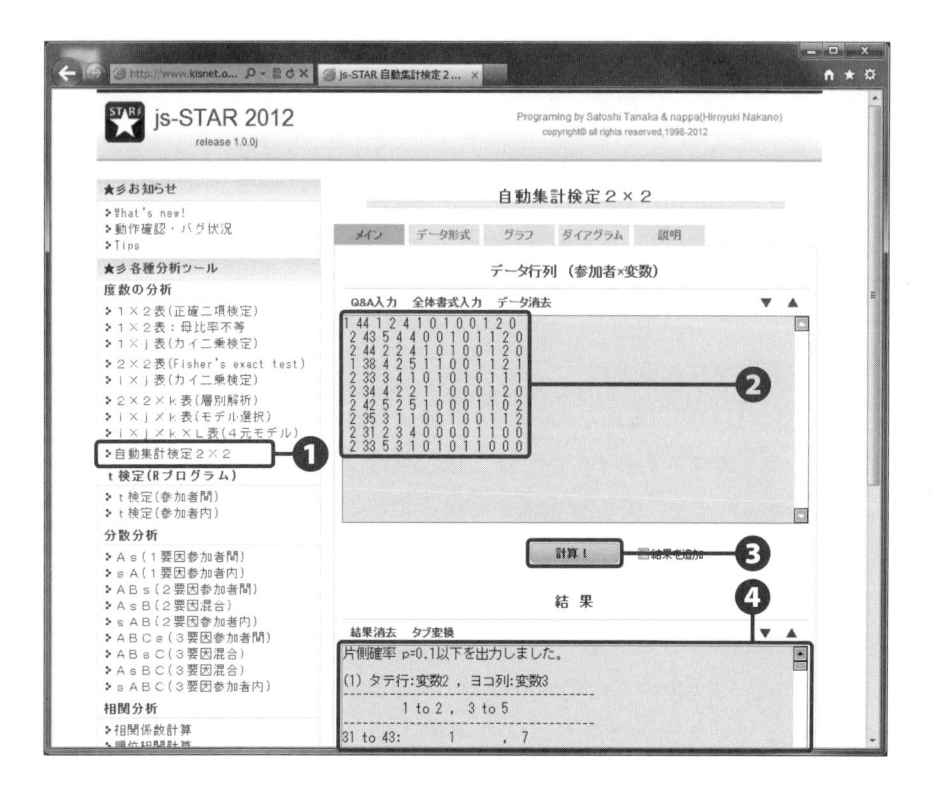

第2章　度数に意味のある差がついたかを調べる — 度数の分析

● 出力結果

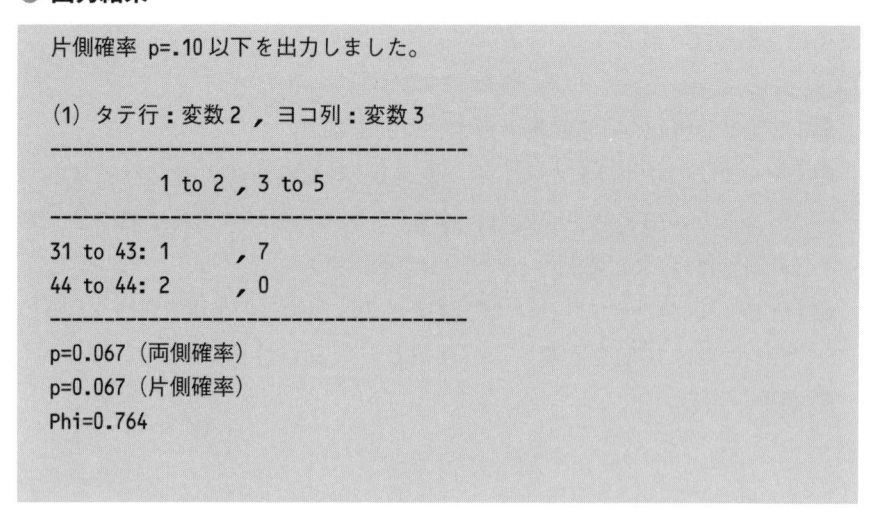

```
片側確率 p=.10以下を出力しました。

(1) タテ行：変数2 , ヨコ列：変数3
----------------------------------------
         1 to 2 , 3 to 5
----------------------------------------
31 to 43:  1      , 7
44 to 44:  2      , 0
----------------------------------------
p=0.067（両側確率）
p=0.067（片側確率）
Phi=0.764
```

(2) タテ行：変数2 , ヨコ列：変数4
----
            1 to 2 , 3 to 4
----
31 to 33: 0   , 3
34 to 44: 6   , 1
----

p=0.033（両側確率）
p=0.033（片側確率）
Phi=0.802

(3) タテ行：変数2 , ヨコ列：変数5
----
            1 to 1 , 2 to 5
----
31 to 35: 3   , 2
36 to 44: 0   , 5
----

p=0.167（両側確率）
p=0.083（片側確率）
Phi=0.655

(4) タテ行：変数2 , ヨコ列：変数5
----
            1 to 2 , 3 to 5
----
31 to 35: 4   , 1
36 to 44: 0   , 5
----

p=0.048（両側確率）
p=0.024（片側確率）
Phi=0.816
・
・（途中、省略）
・

（次ページに続く）

```
(36) タテ行：変数 10 , ヨコ列：変数 12
------------------------------------
        0 to 0 , 1 to 2
------------------------------------
0 to 0: 0     , 5
1 to 1: 3     , 2
------------------------------------
p=0.167（両側確率）
p=0.083（片側確率）
Phi=0.655
```

　この例では、最初は、片側確率の上限を15%として実行し、延べ60個の統計的に有意な2×2表を得ました。「延べ」というのは、同一の2変数の組み合わせから複数の異なる表が作れるケースを含んでいるからです（たとえば年齢を2分割する区切りはいろいろ可能です）。

　そこで60個は多いので、有意水準を片側確率10%として再実行し、36個の有意な2×2表を得ています。さらにまた片側確率5%で再々実行してもよいのですが、仮説検証より探索発見が目的ですので、この10%水準の出力に対して知見の掘り出しを試みてみましょう。

　なお、js-STARの中では、データはすべて「変数」（変化する数値）として機械的に連続番号が付けられますので、どの変数がどの質問項目に当たるかはユーザーが正しく把握してください。

○出力の検討例 1/4

```
(1) タテ行：変数 2 , ヨコ列：変数 3
------------------------------------
        1 to 2 , 3 to 5
------------------------------------
31 to 43: 1    , 7
44 to 44: 2    , 0
------------------------------------
p=0.067（両側確率）
p=0.067（片側確率）
Phi=0.764
```

まず出力（1）は、変数2と変数3の表です。これは、年齢×評定質問1「お子様は元気で学校に出かけて行きますか」のクロス集計表です。

縦の見出し"31 to 43"は年齢31〜43歳という意味です。

43歳以下で評定値3〜5の者が有意に多いことが示されました（p=0.067）。ただし、年齢の2分割が極端に偏っていますので、取り上げるべきではないでしょう。

このように、統計的に有意であっても、結果の最終的採択（現実に妥当するかどうか）は常にユーザーが決めるようにしましょう。

○出力の検討例 2/4

```
(10) タテ行：変数2，ヨコ列：変数5
------------------------------------
            1 to 2, 3 to 5
------------------------------------
31 to 37:   4   ,   1
38 to 44:   0   ,   5
------------------------------------
p=0.048（両側確率）
p=0.024（片側確率）
Phi=0.816
```

次に、出力（10）を見てみましょう。これも変数2（年齢）に関連した変数5、すなわち評定質問3「本校の教職員は熱意をもって適切に子どもたちに接していると思われますか」のクロス集計表です。この変数2と変数5の表は他にもたくさん出力されていますが、年齢と評定値の分割のしかたが最もよさそうなものを選びましょう。

相対的に若い保護者ほど、評定値が低いという結果です。すなわち、若い保護者のほうが、教職員の熱意と（子どもへの）接し方に対して厳しい目を向けていることがわかります。

偶然確率は両側でも p<0.05 です。また、連関係数を示す Phi=0.816 から、2変数の連関はひじょうに強いといえます。

したがって、保護者の年齢と、教職員に対する評定は強い連関を示すとい

えます。この場合、年齢（若年 - 中年）と評定（肯定度）は順序性があるので「正の連関」とみなすこともできます（年齢が低いほど肯定度も低い）。

偶然確率 p は偶然か否かの二値判断だけを示し、p 値の小ささ（有意性の高さ）は連関の強さを意味しません。連関の強さは連関係数を用いて別に判断するようにしましょう。

○出力の検討例 3/4

```
（31）タテ行：変数 4，ヨコ列：変数 6
-----------------------------------
           0 to 0 , 1 to 1
-----------------------------------
1 to 2:      1   ,   5
3 to 4:      4   ,   0
-----------------------------------
p=0.048（両側確率）
p=0.024（片側確率）
Phi=0.816
```

出力（31）は、変数 4 と変数 6 のクロス集計表です。これも有意水準 5% で有意です。変数 4 は評定質問「本校の教育活動について十分な情報が得られていますか」です。これに対して変数 6 は選択質問であり、「お子様に身につけさせたい資質」として「知力」の選択・非選択（値は 1、0）です。

縦の見出しの評定値 1～2 の回答者が、より多く「知力」を選択しています。つまり、教育活動の情報が十分ではないと思っている保護者ほど、子どもの資質として「知力」を重視していることがわかります。逆にいえば、情報が十分でないと思う背景的原因として、子どもの「知力」に関する情報が十分に提供されていないという現状認識があるのかもしれません。

こうした、単一項目の集計では見えてこない因果関係を探究できるところがクロス集計の良さです。

この連関はいわゆる「負の連関」であり、Phi=0.816 からは相当に強い負の連関として評価できます（$\phi = -0.816$ という表記も便宜上可）。

このように、評定質問と（それと回答形式の異なる）選択質問のデータも

一括して分析することで、別種のデータ間での思わぬ知見を得ることができます。こうした探索的な知見の析出を**データマイニング**（データの掘り起こし）といいます。

○出力の検討例 4/4

```
(35) タテ行：変数 7 , ヨコ列：変数 8
-----------------------------------
            0 to 0 , 1 to 1
-----------------------------------
0 to 0:     2   ,   4
1 to 1:     4   ,   0
-----------------------------------
p=0.076 （両側確率）
p=0.071 （片側確率）
Phi=0.667
```

　もう一つだけ、変数 7 と変数 8 の表を検討してみましょう。両変数はいずれも選択質問 Q4 の選択肢であり、変数 7 は「情操」、変数 8 は「意志」です。

　探索的に有意水準 10％で有意です。連関係数は φ =0.667、中程度以上の強さであり、負の連関とみなせます。「情操」を選択した保護者は「意志」を選択しない（縦の値 1 のとき横の値 0）、逆に「情操」を選択しなかった保護者は「意志」を選択する（縦の値 0 のとき横の値 1）というパターンが見て取れます（共に 4 人ずつ）。この結果はいかに解釈すればいいでしょうか。

　選択質問 Q4 は、子どもの高めたい資質として、○を 2 つだけ付けてくださいと制限しました。このため、保護者 10 人中 4 人が「情操」と他の資質、また、やはり 10 人中 4 人が「意志」と他の資質、という組み合わせで選択したということです。

　すなわち、子どもの「情操」と「意志」は同程度に重視される、置き換え可能な資質であるといえます。もし選択肢を「情操・意志」と並べて表記していたら、10 人中 8 人がこれを選んだでしょう。

　「情操」と「意志」は、実は同じ共通性（子どもの感性というような）の 2 側面（静と動）と考えられます。つまり、感性の静的側面が「情操」であ

り、感性の動的側面が「意志」というようなものです。

　このように連関の情報に基づいて項目同士の共通性を推理することから、保護者の回答を決定している一段深いところの意識傾向（ここでは子どもの感性に対する関心）を探り当てることができます。この考え方を発展させると多変量解析の因子分析のような方法に至りますが、そうした専門的手法を用いなくても概念的推理により十分な実践的示唆が得られるでしょう。

　一般に、連関が強い項目同士は、本例4/4のように項目間に共通性が存在するケースと、前例3/4のように項目間に因果関係が存在するケースと2つあります。そのような共通性と因果性という2つの観点に立って、連関係数から推理をめぐらしましょう。さらに、興味深い連関については、2×2表以上の集計表が作れるなら、カイ二乗検定を用いて詳しく分析してみましょう。

js-STARでクロス集計の分析結果を視覚化

　たくさんのアンケート項目をクロス集計すると、たくさんの有意な表が見つかるのはよいのですが、あまりに多すぎると、それを一つ一つチェックするのは大変な手間がかかります。

　そこで「自動集計検定2×2」には、他のツールにないタブメニュー「ダイアグラム」が追加されています。これを使うと、項目間の関連が視覚的に確認できるようになります。この機能を使用するにはFlash Playerが必要になります。

　具体的な使い方の手順を以下に示します。

　例題9と同じデータを使って、結果を視覚化しましょう。

● js-STARの操作方法

❶「自動集計検定2×2」でデータを分析し、結果を出力する。出力された結果から、視覚化データの部分をコピーする。

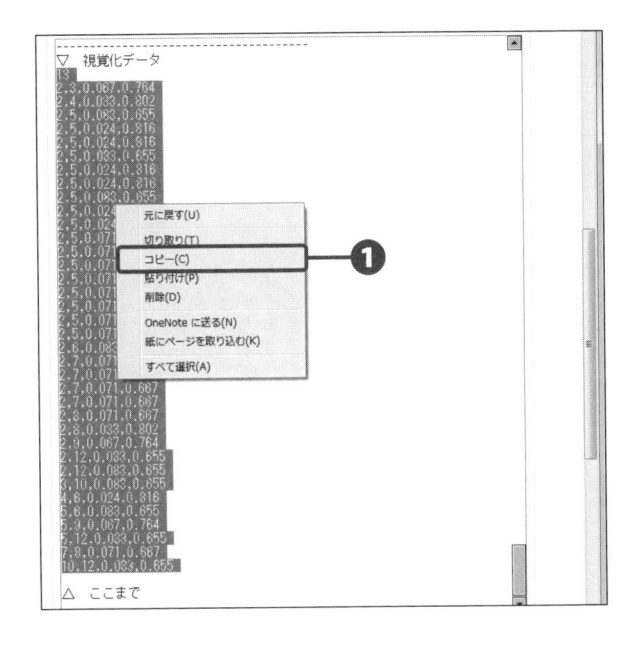

2-6 複数項目から有意差のある2×2表だけを自動出力

❷ タブメニューから[ダイアグラム]を選び、「データエリア」のテキストボックス上で右クリックして「貼り付け」を選ぶ。

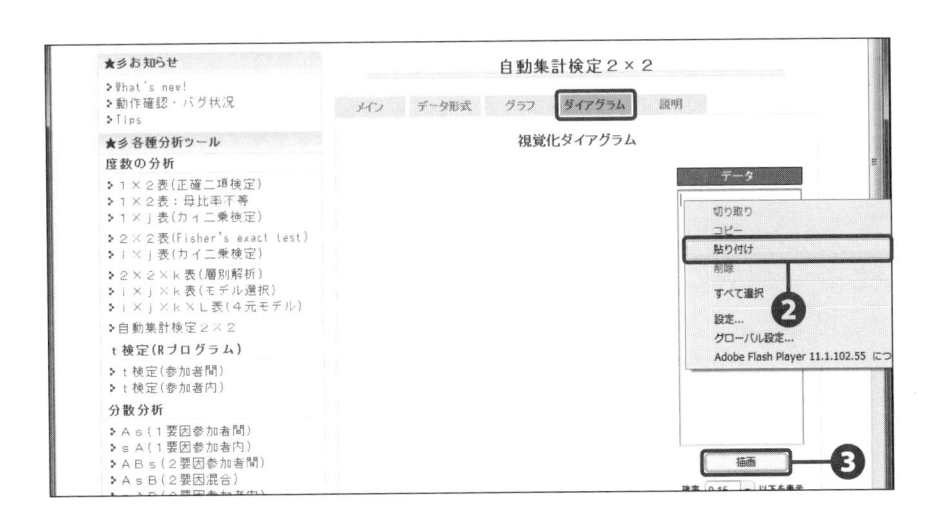

❸「描画」ボタンをクリックすると、図が描かれる(次ページ参照)。

● **出力結果**

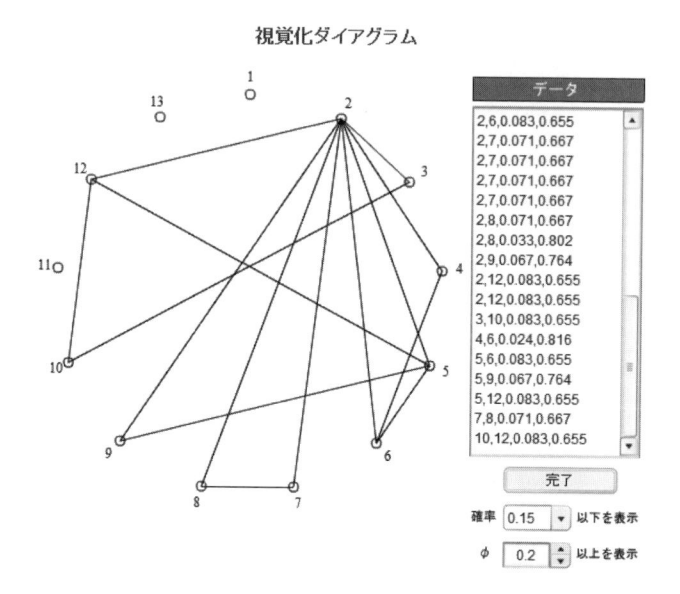

視覚化ダイアグラム

```
データ
2,6,0.083,0.655
2,7,0.071,0.667
2,7,0.071,0.667
2,7,0.071,0.667
2,7,0.071,0.667
2,8,0.071,0.667
2,8,0.033,0.802
2,9,0.067,0.764
2,12,0.083,0.655
2,12,0.083,0.655
3,10,0.083,0.655
4,6,0.024,0.816
5,6,0.083,0.655
5,9,0.067,0.764
5,12,0.083,0.655
7,8,0.071,0.667
10,12,0.083,0.655
```

完了

確率 0.15 以下を表示

φ 0.2 以上を表示

● **解説**

　円環状に配置された 1 ～ 13 はアンケート項目の番号です。

　項目 2、つまり年齢と関連している項目が多いことがわかります。「データ」枠の下にある「確率」と「φ」(ファイ：連関係数) の値を変えると、有力な連関を絞り込むことができます。

　多数の 2 × 2 表の出力をいちいち読んで選別するより、この視覚化ダイアグラムで絞り込んでから、その 2 × 2 表に当たる方が効率的です。絞り込み目安として、連関係数 φ の値を「強さの判定」表 (p.56) に合わせて、0.3 → 0.4 → 0.7 と変えてみてください。

⁚コラム　他ソフトとの連携で活きるjs-STAR

　js-STARの開発コンセプトはいくつかあるのですが、その中で大切にしているのが、ユーザーが普段使いなれたソフトウェアとの連携を図り、js-STAR自体はライトにする（軽くする）という考え方です。

　必要な機能をすべて実装しようとするとシステム開発に膨大な時間が掛かるということと、市販の多機能なソフトウェアには敵わないということがあります。もちろん、JavaScriptのセキュリティ上の制約から、データの保存ができないという問題もあります。

　そこで、js-STARでは、さまざまなソフトウェアと連携することで、より便利に使いやすくなるよう工夫しています。

　1つ目は、エクセルに入力されたデータをコピーし貼り付けるだけで分析できる点です。この機能により、データの入力や管理はエクセルで行い、分析はjs-STARで、というリレー（連携作業）が大変楽になりました。

　2つ目は、統計解析ソフトウェアRのプログラム出力機能です。本書では詳しく解説していませんが、いくつかのメニューでデータを入力し計算すると、js-STARの出力と同時に、Rでの分析やグラフを作成するためのプログラムを出力します。

　これにより、js-STARではできないより複雑な分析を実行したり、平均や標準偏差のグラフなどを簡単に描画することができます。

　昔、N88BASICでプログラムをしていた時、画面のデザインは紙に書いたりしながらかなり試行錯誤をしなければなりませんでした。その当時から、みんなに使ってもらえるソフトウェアはデザインがカッコ良くなくてはと考えていた私は、画面デザインだけでプログラミングの80%くらいの時間を掛けたものです（それは今でも変わりませんが…）。そんな時見つけたのが、マウスで図形を描いたりするとそれをBASICのソースに出力してくれるソフトウェアです（残念ながら名前を忘れてしまいました）。

　そのとき、私はソフトウェアを使うためのソフトウェアを開発する素晴らしさを知りました。この経験が、js-STARの開発には活かされています。

第3章

対応するデータの関係を見る
－ 相関分析

3-1
相関分析に関する基礎知識

　本章では、データ同士の関係を調べるための、相関分析について解説します。最初に用語と、基礎知識について確認しておきましょう。

相関

　たとえば、身長の高い人ほど体重も重い（身長の低い人ほど体重も軽い）という傾向が、身長と体重のデータから見られることがあります。別の例では、勉強時間の長い人ほどテストの得点が高いなど、勉強時間と得点という2種類のデータに関係があると考えられる場合があります。

　このような2種類のデータ間の関係を表すのに、**相関**という見方があります。相関とは、2変数の規則的関係を表わします。

　一方の変数が大きくなれば他方の変数も大きくなる（小さくなれば小さくなる）ときを「**正の相関**がある」といいます。逆に、一方の変数が大きくなれば他方の変数も小さくなる（小さくなれば大きくなる）ときを「**負の相関**がある」といいます。また、相関関係が見られないことを**無相関**といいます。

　なお相関は、必ずしも直線的な関係のみではありません。後述するように曲線的な関係を示す場合もあります。また、データに相関がある場合でも、そのデータ同士がどうして相関するのかという因果関係については、詳細に考察する必要があります。

散布図

　相関関係を確かめる方法として、グラフを描いてみることは重要です。2種類のデータのうち、一方をX軸の座標、もう一方をY軸の座標として、

交わる位置に点を打ったグラフを**散布図**といいます。

あるクラスの中間テスト5教科の得点について、2教科ずつの得点を散布図にしました（図3-1-1）。

国語と数学は、点が全体的にバラバラで、2つの教科に関連はなさそうです。無相関といえるでしょう。

数学と理科は、点が全体として右上がりに並んでいるので、数学のよい生徒は理科もよいといえそうです。これは正の相関です。

数学と社会は、点が全体として右下がりに並んでいるので、社会のよい生徒は数学がよくないといえそうです。これは負の相関です。

▼ 図3-1-1　2教科ずつの得点の関係を示す散布図

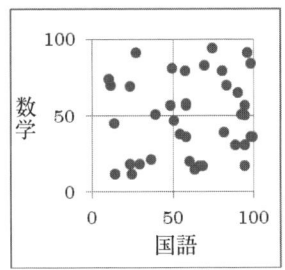

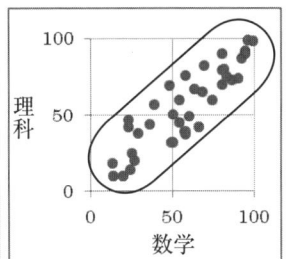

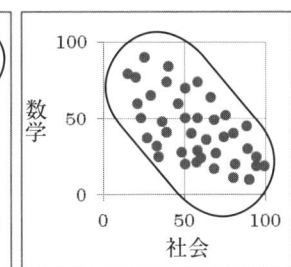

相関係数

散布図を見れば相関関係を目視確認できることはわかりましたが、数値でその関係を見ることもできます。2種類のデータの関係を数値化したものを**相関係数**といいます。js-STARでは特にことわりがなければピアソンの積率相関係数を計算します。計算方法については、巻末にあげた参考書籍を別途ご参照ください。

相関係数はrで表わされ、$-1 \leq r \leq +1$の値をとります。マイナス値では負の相関、プラス値では正の相関になります。相関の強さの一般的な目安は次ページ表3-1-2の通りですが、あくまでも経験則による目安です。

▼ 表3-1-2　相関の強さの目安

負の相関	相関の強さの判定	正の相関
－1　～－0.7	強い相関がある	＋1　～＋0.7
－0.7～－0.4	中程度の相関がある	＋0.7～＋0.4
－0.4～－0.3	弱い相関がある	＋0.4～＋0.3
－0.3～　0	ほとんど相関がない	＋0.3～　0

先の3つの散布図について、それぞれ相関係数を求めると、次のようになります。

・国語と数学：$r = +0.1$　（判定：ほとんど相関がない）
・数学と理科：$r = +0.7$　（判定：正の強い相関がある）
・社会と数学：$r = -0.3$　（判定：負の弱い相関がある）

相関係数の絶対値が大きいほど、データが直線状に並びます。相関係数 $r = \pm 1$ のとき、すべてのデータは一直線上に並びます。相関係数は、2種類のデータの直線的な関係を表す値と考えることができます。

外れ値と曲線相関

2つの散布図、図3-1-3を見てみましょう。左の図ではデータが大体同じような場所にかたまっています。それに対し右の図は、左の図のデータに対し1点だけ原点付近へデータを追加したものです。このような全体から大きく離れた1点を**外れ値**といいます。

左の相関係数は0.3、右は0.7となります。右の散布図はたった1点データを追加しただけなのに、数値の上では正の相関関係が強調されてしまいました。データに外れ値がある場合は、全体のデータの関係を見誤る可能性があります（専門的には等散布性という前提が守られていない例です）。

こうした外れ値はいったん除外して分析し直すのが一般的な対応ですが、外れ値に何らかの意味があることも考えられます。外れ値を除外する場合に

は、データをよく吟味した上で行うようにしましょう。

また、2種類のデータの関係は必ずしも直線的な関係だけとは限りません。図3-1-4のような曲線的な関係が考えられる場合があります。相関係数を計算してみると0.1となり、数値上ではほとんど相関はないという判定になってしまいます。

以上のことから、相関係数の値だけで判断せず、散布図を実際に描いてみて、目で確認することは重要です。

▼ 図3-1-3 1つの外れ値を追加しただけで、相関係数が大きく変わる

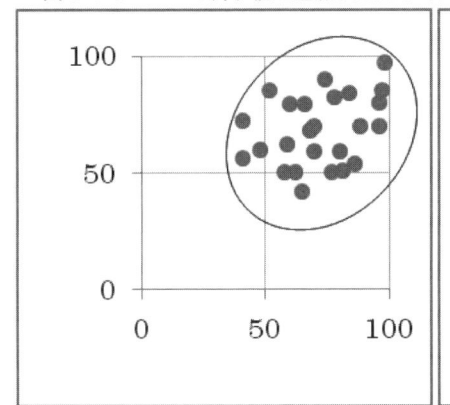

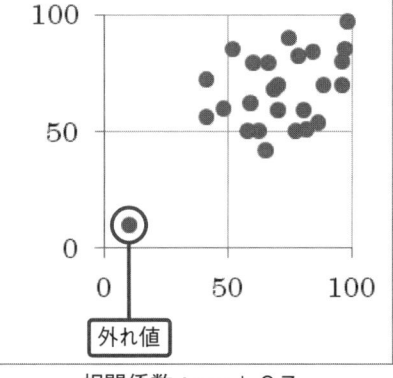

相関係数：r＝＋0.3　　　　　相関係数：r＝＋0.7

▼ 図3-1-4 曲線的な関係があるが、相関係数は0.1

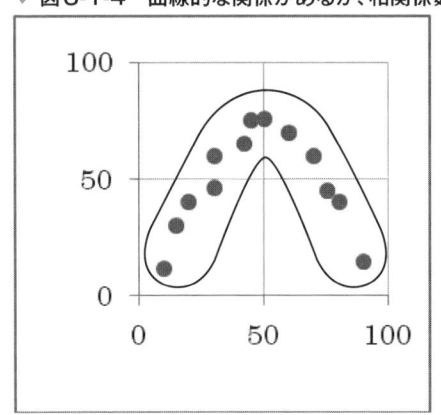

相関係数：r＝＋0.1

3-2

相関の強さを数字でみる

　ここでは実際に相関係数を計算して、対応するデータの相関について分析してみましょう。

例題11　数学の得点の高い生徒は英語の得点も高い?

　表3-2-1は、中間テストの数学と英語の得点です。数学の得点の高い生徒は、英語の得点も高いといえるでしょうか?

▼表3-2-1　中間テストの数学と英語の得点

生徒	数学	英語
生徒1	74	81
生徒2	65	66
生徒3	81	74
生徒4	42	59
生徒5	90	88
生徒6	68	45
生徒7	87	65
生徒8	73	76
生徒9	35	47
生徒10	59	71

● **データの構造**

　今後のデータ分析のために、それぞれのデータについて、用語を確認しておきましょう。

　一種類のデータを**変数**といいます。ここでの変数は2つです。

　データをとった生徒一人ひとりのことを、実験に参加した人という意味で、**参加者**といいます。ここでの参加者の数は10人です。

▼ 図3-2-2　用語の確認

		変数1	変数2
生徒		数学	英語
1		74 →	81
2		65 →	66
3		81 ⇠	74
4		42	59
5		90	88
6		68	45
7		87	65
8		73	76
9		35	47
10		59 →	71

参加者。参加者の数は、10人

1人のデータは変数を続けて入力（矢印の順）

　js-STARで「Q＆A入力」を行う場合は、データ入力は矢印の順に行います。基本的に1人のデータは1行にすべて入力します（1人1行の鉄則）。

● **js-STARの操作方法**
❶ js-STARのメニューの中ほどにある「相関分析」から「相関係数計算」を選ぶ(次ページ手順図参照)。
❷「データエリア」左上にある「Q＆A入力」をクリックし、データを入力する。参加者数として「10」を入力し「OK」ボタンをクリック。変数の個数として「2」を入力し、「OK」ボタンをクリック。参加者数と変数の個数を確認し、「OK」ボタンをクリックする。以降、参加者ごとに変数1、2を繰り返し入力。
❸「計算！」ボタンをクリックする。
❹ 結果が出力される。

第3章 対応するデータの関係を見る － 相関分析

● **出力結果**

出力結果の内容を、各用語のかんたんな説明とともに示します。読み方の詳細については後ほど解説します。

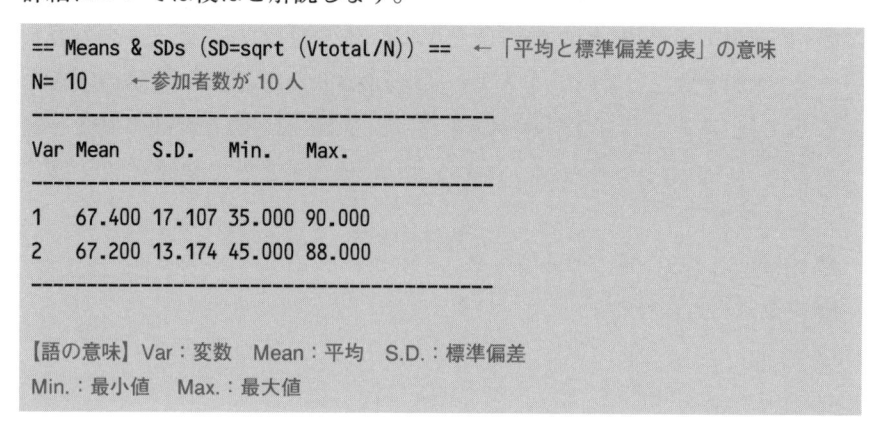

```
== Means & SDs (SD=sqrt (Vtotal/N)) ==   ←「平均と標準偏差の表」の意味
N= 10   ←参加者数が 10 人
-----------------------------------
Var Mean   S.D.   Min.    Max.
-----------------------------------
1   67.400 17.107 35.000 90.000
2   67.200 13.174 45.000 88.000
-----------------------------------

【語の意味】Var：変数　Mean：平均　S.D.：標準偏差
Min.：最小値　Max.：最大値
```

```
Correlation Matrix      ←「相関行列の表」の意味（次節で解説）
df= 1 & 8               ←自由度を示す
-----------------------------------
         Var1 Var2
-----------------------------------
Var1  -    0.657 *
Var2       -
```
【語の意味】
　df：自由度。　　（相関の自由度）と（偶然誤差の自由度）
　　　　　　＝（変数の数－1）と（生徒の数－相関の自由度－1）
　　　　　　＝（2－1）と（10－1－1）
　　　　　　＝1と8

```
Test of Correlation     ←「相関係数の有意性検定」の意味
-----------------------------------
Var.     r    F    Test
-----------------------------------
Var1xVar2 0.657 6.07 *
```
項目1と項目2には中程度の関連があります。

【語の意味】r：相関係数
F：統計量F比の値
Test：相関係数の有意性検定。＋ $p<.10$　　＊ $p<.05$　　＊＊ $p<.01$

● **グラフ**

▼ 図3-2-3　数学（X軸）と英語（Y軸）の散布図

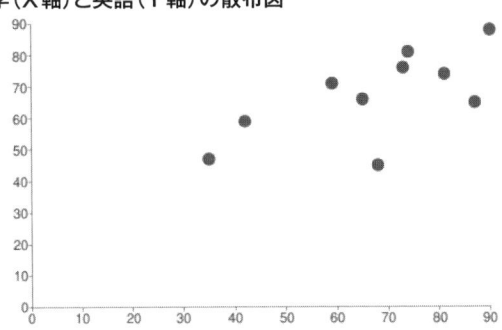

散布図でみると、グラフは右肩上がりの傾向がみえます。

第3章 対応するデータの関係を見る — 相関分析

● **結果の書き方**

> 数学と英語の得点の関係を見るために、相関係数を計算した。その結果、数学と英語の得点の間に、有意な正の相関が見られた（$r = 0.657$、$F = 6.07$、$df1 = 1$、$df2 = 8$、$p<.05$）。相関の強さは中程度以上といえる。

なお、カッコ内の数値の意味は次の通りです。$r =$ 相関係数、$F = F$ 比の値、$df1 =$ 相関の自由度、$df2 =$ 偶然誤差の自由度、有意水準の判定。

● **解説**

相関係数は特に断りがなければ、ピアソンの積率相関係数を指し、rで値を表します。

相関係数rは、±の方向性をもち、プラスなら正の相関、マイナスなら負の相関（逆相関ともいう）を表します。また、rの値は絶対値$0 \sim 1$の間で変化し、$r = 0$なら無相関、$r = 1$なら完全相関を表します。

この例では相関係数は $r = 0.657$ です。横軸に数学の得点、縦軸に英語の得点をとり、10人の成績を座標点として示すと、図3-2-4に描いたような直線に収束する傾向が見られます。これがもし$r = 1$なら全データは一直線に乗るでしょう。rの値はこの直線（**回帰直線**といいます）への収束の程度を表しています。

有意かどうかの判定および詳細な解釈は、次に続きます。

▼ 図3-2-4　直線的な相関の傾向がみられる

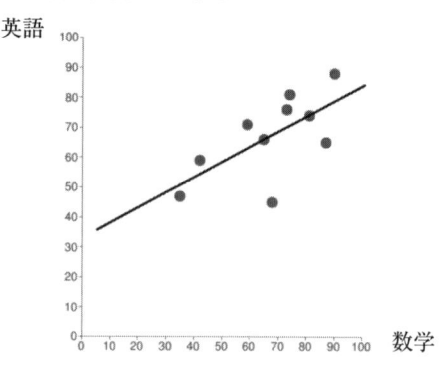

相関係数の有意性検定

出力結果の「Test of Correlation」をところをみてみましょう。これは相関係数が有意であるかどうかという、有意性検定の結果を示しています。ここでは統計量 F である **F 比**をみて、その判断をしています。以下、その意味を説明していきます。

```
Test of Correlation        ←「相関係数の有意性検定」の意
-----------------------------------------
Var.        r      F     Test
-----------------------------------------
Var1xVar2  0.657  6.07   *

【語の意味】
r：相関係数
F：統計量 F 比の値
Test：相関係数の有意性検定。＋ p<.10    ＊ p<.05    ＊＊ p<.01
```

この例では、相関係数 r = 0.657 は、帰無仮説「相関 = 0（無相関）」の下では偶然に 100 回中 5 回も出現せず（＊ p<.05）、有意と判定されています。

ただし、相関係数の有意性は「相関がゼロでない」ことを意味するだけです。その相関が強いか弱いかはまた別の判定になります。相関の強さを判定するときは表 3-2-5 の経験的基準に従いますが、これは客観的なものではなく、研究目的と研究内容によって違ってきます。

▼ 表3-2-5 相関の強さと説明率

相関の強さの判定	相関係数の絶対値	説明率の値
強い	r>0.7	49％以上
中程度の強さ	r>0.4	16％以上
弱い	r>0.3	9％以上
ほとんどない	r<0.3	9％未満

相関係数を 2 乗すると、表 3-2-5 中の**説明率**（％表記）になります。相関係数は等間隔尺度ではないので、説明率として強さを評価するとよいでしょう。たとえば、相関係数 $r = 0.6$ の相関の強さは $r = 0.3$ の 2 倍ではなく、4 倍です。説明率は**決定係数**ともいわれ、一方の変数（数学の得点）が他方の変数（英語の得点）の動きを決定している強さを表します（2 変数相関の場合は説明する向きを逆にしても説明率は同じ）。

表 3-2-5 の判定基準に従えば、$r = 0.2$ はたとえ有意であっても、説明率は 4％程度であり、相関があるとはとてもいえないことがわかります。

この例の相関係数 $r = 0.657$ の説明率は、$0.657^2 = 0.432$、つまり 43％であり、強い相関にせまる「中程度以上の相関」と表現できるでしょう。このとき、説明されない割合（$1 - 0.432$）= 0.568 は偶然の影響分とみなすことができます。

この相関による説明の大きさと、偶然による影響の大きさ（偶然誤差）を自由度 1 個分で対比すると、r の有意性検定に用いた統計量 F 比になります。詳細は以下の通りです。

- 相関の自由度（df1）　　：変数の数 − 1 = 2 − 1 = 1
- 偶然誤差の自由度（df2）：生徒数 − df1 − 1 = 10 − 1 − 1 = 8

- $F = \dfrac{\text{相関による説明分} / df1}{\text{偶然誤差の影響分} / df2} = \dfrac{0.657^2 / df1}{(1 - 0.657^2) / df2} = \dfrac{0.432 / 1}{0.568 / 8} = 6.07$

$F = 6.07$ がもし $F = 1$ なら、相関による説明分は偶然誤差の大きさと等しく、偶然に現れる程度のものにすぎないことになります。しかし、偶然誤差の 6 倍以上の説明分となると、これは偶然のいたずらで現れたとは考えにくいでしょう。事実、$F = 6.07$ を F 比の理論的分布である **F 分布**（分子・分母の 2 つの自由度で決まる。今回は df1=1、df2=8）に照合すると、有意水準 5％の F 比は 5.32 なので、$F = 6.07$ は偶然では 100 回中 5 回未満しか現れないことがわかり（$p<0.05$）、有意と判定されました。

▼ 図3-2-6　F分布による偶然確率5％の範囲

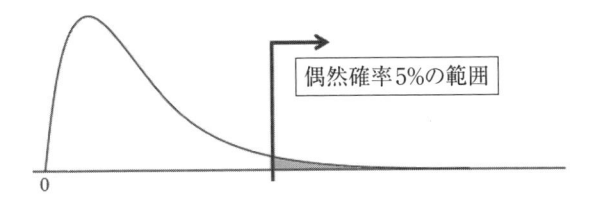

※F分布は2つの自由度により変化する

● **相関の解釈**

相関係数が有意であり、一定の強さの相関があると判定されたとき、なぜ数学と英語の得点は相関するのか、を解釈することになります。

相関の解釈には2通りあります。1つは、文字通り相関関係または共通性の解釈であり、数学の得点と英語の得点は共通の能力（たとえば記号操作・単語操作の力）を反映するから同じように動くと考えます。

もう1つの相関の解釈は、因果関係の解釈です。数学と英語の得点の例はこれに当てはまりませんが、たとえばテニスのサーブの練習回数と、試合中のファーストサーブの成功率は、一方が原因となり他方が結果となり、その逆は成立しません。あるいは、「部活の楽しさ」と「学校生活の楽しさ」の相関は、前者が後者の構成要因の一つであり、因果関係にあると解釈されます。

相関係数から因果関係を探るアプローチも興味深いものです。どんな原因が当の結果をどれくらい説明するのか、説明率（または決定係数）によって具体的に％で把握することができます。すると、何にどれくらい働きかけたら当の現象を何％くらいコントロールできるかを、リアルに考えることができるでしょう。次節では、そうした分析例を見てみましょう。

練習問題6　国語の得点の高い生徒は数学の得点も高い?

次ページ表3-2-7は中間テストの国語と数学の得点です。国語の得点の高い生徒は、数学の得点も高いといえるでしょうか？　　　　　（解答は p.202）

▼ 表3-2-7　中間テストの国語と数学の得点

生徒	国語	数学
生徒1	81	74
生徒2	74	65
生徒3	66	81
生徒4	59	42
生徒5	88	90
生徒6	76	68
生徒7	47	87
生徒8	45	73
生徒9	65	35
生徒10	71	59

練習問題7　家庭学習時間とTVゲーム時間の関係

　ある週7日間の家庭学習時間とTVゲーム時間を調査し、1日あたりの平均時間（分）を求めました（表3-2-8）。家庭学習時間とTVゲーム時間にはどのような関係があるでしょうか？　　　　　　　　　　　　（解答はp.202）

▼ 表3-2-8　家庭学習時間とTVゲーム時間

生徒	家庭学習時間（分）	TVゲーム時間（分）
生徒1	35	91
生徒2	0	92
生徒3	48	67
生徒4	73	36
生徒5	156	50
生徒6	112	40
生徒7	58	42
生徒8	89	0
生徒9	23	100
生徒10	62	66

3-3
複数の項目から相関を調べる

今度は3変数以上の複数の項目から相関を調べてみましょう。アンケート結果を分析するのに便利です。

例題12　アンケートを相関行列で分析する

学校生活アンケートを実施しました。「学校が楽しい」という質問に肯定的に回答した生徒は、他のどの質問に肯定的に回答しているでしょうか？それを見つけることができれば、生徒の学校生活の質を高めるのに何に注目すればよいかがわかるかもしれません（因果関係の発見）。

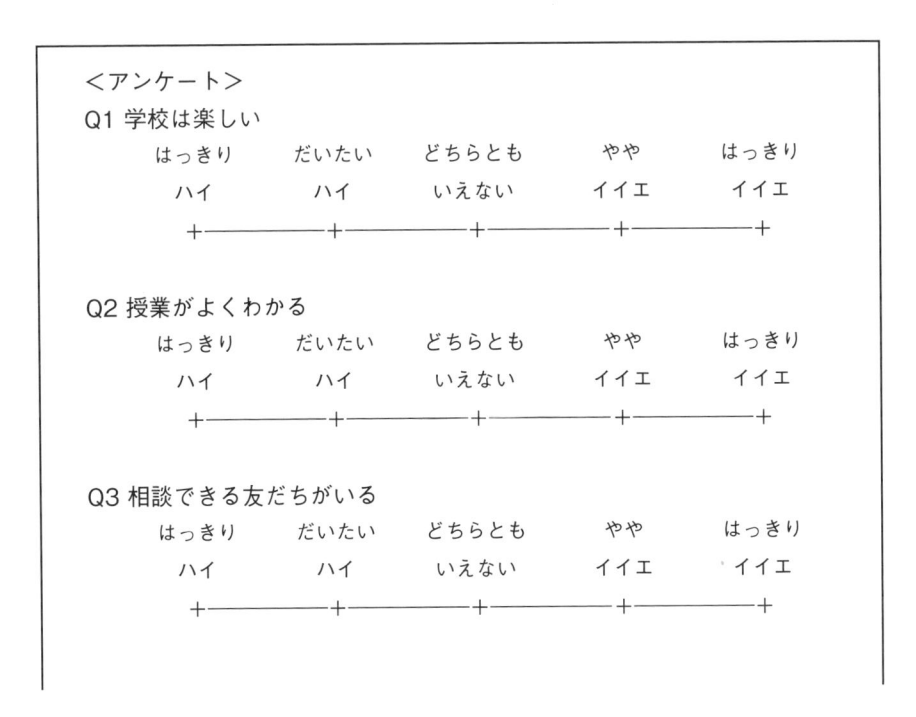

```
＜アンケート＞
Q1 学校は楽しい
      はっきり    だいたい    どちらとも    やや      はっきり
       ハイ       ハイ       いえない     イイエ     イイエ
      +----------+----------+----------+----------+

Q2 授業がよくわかる
      はっきり    だいたい    どちらとも    やや      はっきり
       ハイ       ハイ       いえない     イイエ     イイエ
      +----------+----------+----------+----------+

Q3 相談できる友だちがいる
      はっきり    だいたい    どちらとも    やや      はっきり
       ハイ       ハイ       いえない     イイエ     イイエ
      +----------+----------+----------+----------+
```

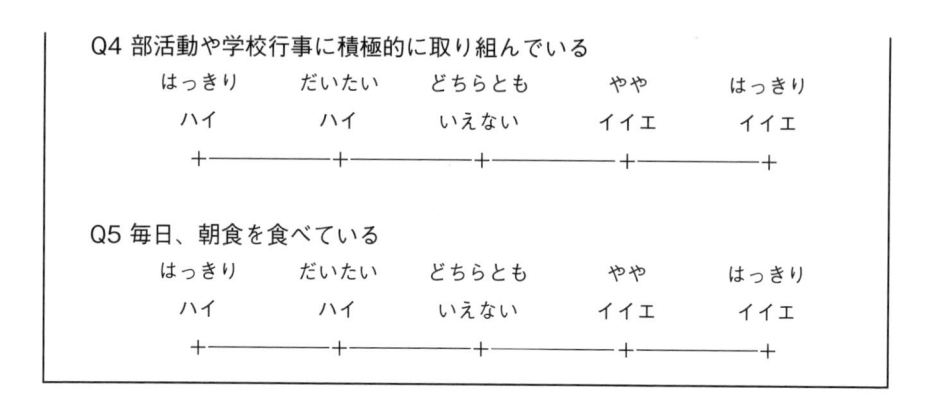

Q4 部活動や学校行事に積極的に取り組んでいる

```
  はっきり    だいたい    どちらとも    やや      はっきり
   ハイ        ハイ       いえない     イイエ     イイエ
    +———————+———————+———————+———————+
```

Q5 毎日、朝食を食べている

```
  はっきり    だいたい    どちらとも    やや      はっきり
   ハイ        ハイ       いえない     イイエ     イイエ
    +———————+———————+———————+———————+
```

● **データの構造**

アンケート結果は表3-3-1のようになりました（肯定側から5、4、3、2、1と得点化）。

▼ 表3-3-1　学校アンケートの結果

生徒（参加者10人）	変数1：楽しい	変数2：授業	変数3：友だち	変数4：行事	変数5：朝食
生徒1	5	4	3	4	5
生徒2	4	5	4	4	3
生徒3	4	4	4	5	4
生徒4	5	5	5	4	2
生徒5	4	4	4	5	3
生徒6	4	3	3	4	4
生徒7	3	3	4	3	2
生徒8	3	2	5	2	3
生徒9	2	1	4	3	3
生徒10	1	2	3	1	2

● **js-STARの操作方法**

❶ js-STARのメニューの「相関分析」から「相関係数計算」を選ぶ。

❷ 「データエリア」左上にある「Q＆A入力」をクリックし、データを入力する。参加者数として「10」を入力し「OK」ボタンをクリック。変数の個数として「5」を入力し、「OK」ボタンをクリック。参加者数と変数の個数を確認し、「OK」ボタンをクリックする。以降、参加者ごとの変数1～5を繰

り返し入力。

❸ 「計算！」ボタンをクリックする。

❹ 結果が出力される。

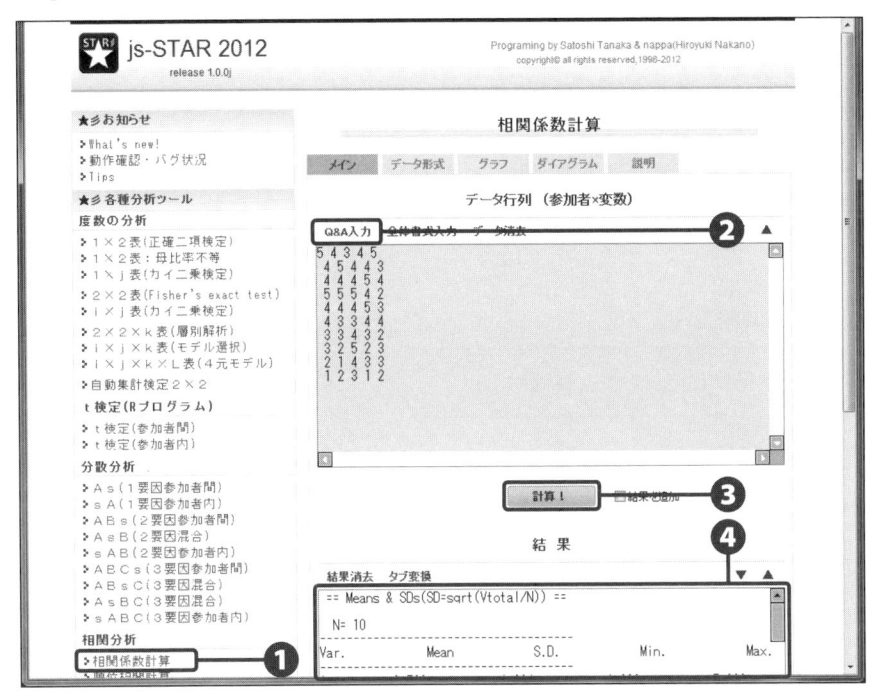

● 出力結果

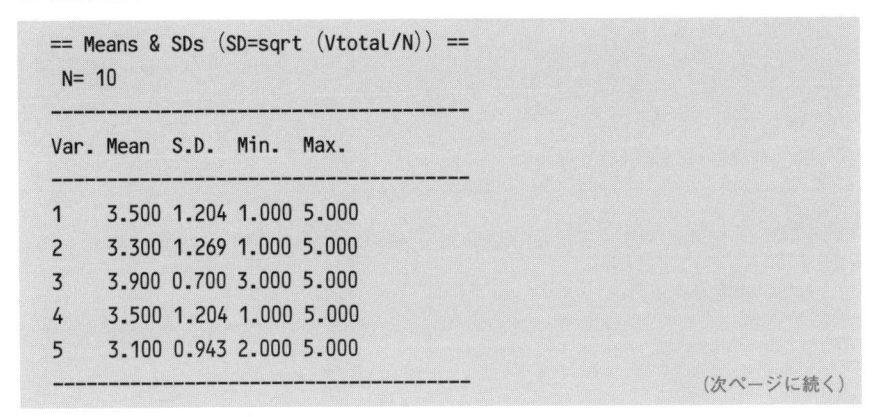

```
== Means & SDs (SD=sqrt (Vtotal/N)) ==
N= 10
------------------------------------
Var. Mean  S.D.  Min.  Max.
------------------------------------
1    3.500 1.204 1.000 5.000
2    3.300 1.269 1.000 5.000
3    3.900 0.700 3.000 5.000
4    3.500 1.204 1.000 5.000
5    3.100 0.943 2.000 5.000
------------------------------------
```

（次ページに続く）

```
Correlation Matrix      ←相関行列の表。今回はここ以降に特に注目。
df= 1 & 8
------------------------------------------------------------
          Var1      Var2      Var3      Var4      Var5
------------------------------------------------------------
Var1      -         0.818 **  0.178 ns  0.793 **  0.484 ns
Var2                -         0.146 ns  0.687 *   0.142 ns
Var3                          -         0.059 ns -0.439 ns
Var4                                    -         0.484 ns
Var5                                              -

Test of Correlation
----------------------------------
Var.        r      F     Test
----------------------------------
Var1xVar2  0.818  16.19  **
Var1xVar3  0.178   0.26  ns
Var1xVar4  0.793  13.56  **
Var1xVar5  0.484   2.45  ns
----------------------------------
Var.        r      F     Test
----------------------------------
Var2xVar3  0.146  0.18  ns
Var2xVar4  0.687  7.16  *
Var2xVar5  0.142  0.16  ns
----------------------------------
Var.        r      F     Test
----------------------------------
Var3xVar4   0.059  0.03  ns
Var3xVar5  -0.439  1.91  ns
----------------------------------
Var.        r      F     Test
----------------------------------
Var4xVar5  0.484  2.45  ns
```

```
項目1と項目2には強い関連があります。
項目1と項目4には強い関連があります。
項目2と項目4には中程度の関連があります。
```

相関行列は、各変数ごとの相関係数を表にしたものです。

出力結果の相関行列（Correlation Matrix）を見ると、項目1と項目2、項目1と項目4がかなり強い相関を示しています。

項目2と項目4が中程度以上の相関を示しています。

● **結果の書き方**

> アンケート項目の関連性を見るために、相関係数を計算した。その結果、「学校は楽しい」と「授業がよくわかる」の間には、有意な正の相関が見られた（r＝0.818、F＝16.19、df1=1、df2=8、p<.01）。相関の強さは相当強いといえる。「学校は楽しい」と「部活動や学校行事に積極的に取り組んでいる」の間にも、有意な正の相関が見られた（r＝0.793、F＝13.56、df1=1、df2=8、p<.01）。相関の強さはやはりかなり強いといえる。「授業がよくわかる」と「部活動や学校行事に積極的に取り組んでいる」の間には、有意な正の相関が見られた（r＝0.687、F＝7.16、df1=1、df2=8、p<.05）。相関の強さは中程度以上といえる。

● **解説**

「学校は楽しい」と「授業がよくわかる」の相関係数 r＝0.818 でしたので、$0.818^2 = 0.669$ となり、67%の説明率になります。また、「学校は楽しい」と「部活動や学校行事に積極的に取り組んでいる」の相関係数 r＝0.793 でしたので、$0.793^2 = 0.629$ となり、63%の説明率になります。

「学校は楽しい」ことは、「授業がよくわかる」と「部活動や学校行事に積極的に取り組んでいる」ことと大きく関連していることがわかります。

「学校は楽しい」を結果（**従属変数**、あるいは**目的変数**といいます）、「授

業がよくわかる」と「部活動や学校行事に積極的に取り組んでいる」を原因（**独立変数**、あるいは**説明変数**といいます）と捉えれば、問題点と改善点が明確になります。つまり、「学校は楽しい」の肯定回答を増加するには、わかる授業と学校行事への積極的参加を促すような改善策を実行すればよいと考えることができます。

相関係数 r は、2×2 表の連関係数 φ と同一の統計量です。データが連続量のときは相関係数といい、データが2値の離散量のとき連関係数といいます。

2-6 節でとりあげた「自動集計検定2×2」は、連続量のときは2値に落として計算し、度数の集計表を出力してくれます。それが必要ない場合は、こちらの相関係数計算を用いるほうがよいでしょう。連続量の情報を落とさず係数を求めることができます（直線相関が仮定できない場合は連関係数を用いるとよい場合があります）。

js-STARで相関関係を視覚化する

「自動集計検定2×2」で行ったように、「相関係数計算」においても、項目間の関連を視覚化することができます。タブメニューにある「ダイアグラム」を使用します。

❶ 相関係数計算の出力結果にある「▽視覚化データ」の直下から「△ここまで」の直上までの部分をコピー（図3-3-2）。

❷ 「ダイアグラム」タブを選択し「データ」のところに先ほどコピーした視覚化データをペースト。「描画」ボタンをクリック。正の相関は赤線で、負の相関は青線で表示される（図3-3-3）。

3-3 複数の項目から相関を調べる

▼ 図3-3-2　出力結果から視覚化データをコピー

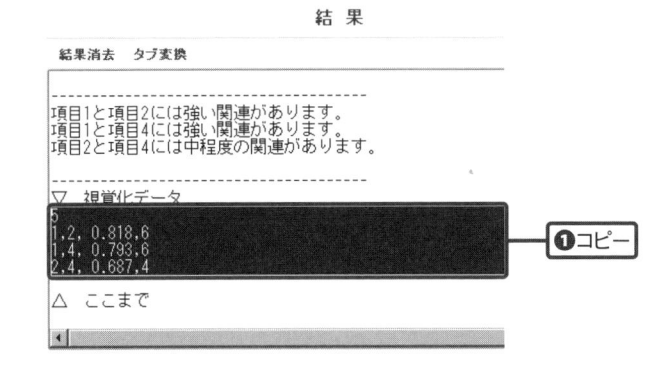

```
                    結　果

結果消去　タブ変換
----------------------------------------
項目1と項目2には強い関連があります。
項目1と項目4には強い関連があります。
項目2と項目4には中程度の関連があります。
----------------------------------------
▽　視覚化データ
5
1,2, 0.818,6         ❶コピー
1,4, 0.793,6
2,4, 0.687,4

△　ここまで
```

▼ 図3-3-3　相関の関係を視覚化できる

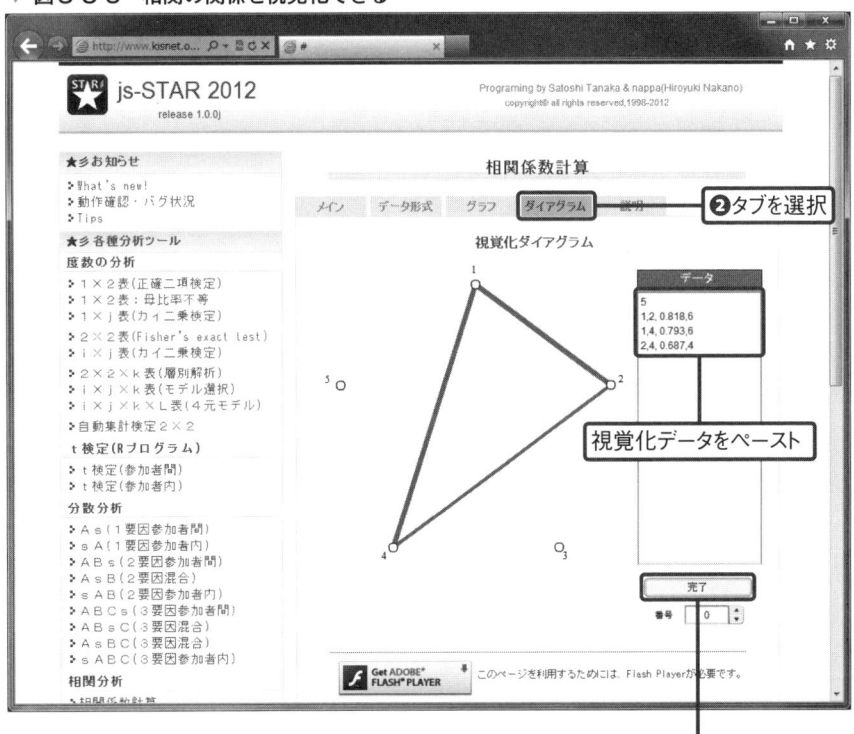

❷タブを選択

視覚化データをペースト

ペースト後にクリックして描画

:コラム 学校評価アンケート

　学校評価は、平成 19 年 6 月の学校教育法の一部改正、同年 10 月の学校教育法施行規則の一部改正により、自己評価・学校関係者評価の実施・公表、評価結果の設置者への報告に関する規定が設けられ、全公立学校に義務化されました。

　日本中の学校で実施されるようになった学校評価アンケートでは、非常に多くの項目を用いてアンケートを実施しており、たとえば達成目標を肯定回答 80％ と決めて評価しています。

　しかし、アンケート項目が多岐にわたるため、未達成の項目に対する改善策が総花的になってしまい、取り組み内容が重点化されないという問題があります。いわゆる戦力の逐次投入、分散投入は避けるべき戦略です。

　確かに学校は学習指導・生徒指導などの多くの問題を抱えています。それを克服し、素晴らしい学校になっていく事例では、「わかる授業」や「学級での人間関係づくり」など明確な取り組みの重点が示され、その実現に向けて教職員が一丸となって取り組んでいる場合が多いように思います。

　相関係数から因果関係を探ることによって、改善内容を因果的に関連づけ、原因側の事項を重点目標として、その改善に学校のもつ人的パワーを集中投下することができれば、今まで以上に学校評価アンケートの結果を活かせるのではないでしょうか。

第4章

複数のグループで平均に差があるかを調べる
― 分散分析

4-1 分散分析に関する基礎知識

本章では、グループ（**群**）ごとに平均に差があるかどうかを調べる、分散分析の方法について解説します。

分散分析は、農場実験の分析手法として、ロナルド・フィッシャーが基本手法を確立した統計的検定法の1つです。現在では、医学、心理学、工学、教育など様々な分野で応用されています。

分散分析を用いる場合、「比較できるデータ」を収集することが大切です。比較できるデータをとる方法を**実験計画法**といいます。最も簡単な実験計画は、2群比較です。

たとえば、従来の指導法 X と、新しい指導法 Y の効果を比較するという例を考えてみましょう。その場合、指導法 X を実施する群と、指導法 Y を実施する群を設け（各群20人くらいで構成する）、指導後のテスト得点の平均値を比べます。

そして、X 群の平均値と Y 群の平均値に差があるかどうかを確かめます。分散分析は、そうした平均の差が偶然以上の確かな差（すなわち有意差）であるかどうかを検証する方法です。

以降では、分散分析の用語と基礎知識を確認していきます。理解の度合いによっては読み飛ばしても差し支えありませんので、その場合は 4-2 節へ進んでください。

代表値

グループのデータの特徴を表す値を**代表値**といい、**平均値（ミーン）**や**モード（最頻値）**、**メディアン（中央値）**などがあります。

● 平均値

　Aさんの中間テスト3教科の得点は、国語80点、数学74点、英語92点でした。3教科の平均点は、$(80 + 74 + 92) \div 3 = 82$点です。このように平均値は、すべてのデータの合計を、データの個数で割った値となります。

　平均値はデータが集中する一点の値を意味しています。そうでないと、平均値は意味がありません。すなわち、平均値はデータが**正規分布**（左右対称のベルの形のような分布）となることを前提とした代表値であり、正規分布しないときは別の代表値を用いるようにします。したがって、分散分析のように平均値の差を検定する方法も、データが正規分布しないときは使用することはできないという制約があります。

　一般的に平均は、すべてのデータの合計をデータの個数で割った値である算術平均（または相加平均）のことをいいますが、他に相乗平均、調和平均などの平均の求め方もあります（詳細は省きます）。

● モード

　モードは、最頻値とも呼ばれ、もっとも多く出てくる値、ということです。表4-1-1の得点の度数分布表では、2点の人数がもっとも多いので、モードは2点となります。

▼ 表4-1-1　得点ごとの人数を示した度数分布表

得点（点）	人数（人）
0	3
1	5
2	22
3	8
4	11
5	15

　表4-1-1のような偏った、左右非対称の分布で平均をとると、平均は中心的な値を意味しません。この例では平均値は3.0になりますが、データはそこに収束する傾向を示さず、データの特徴とはいえません。このような場合

には、最もデータが集中する値としてモードを述べるほうが適切です。

● **メディアン**

メディアンは、中央値とも呼ばれています。データを小さい順(大きい順でもよい)に並び替えた時の中央の値となります(表4-1-2)。

▼ 表4-1-2　データを順に並べ替えたときの真ん中にくる値

生徒	得点
生徒1	89
生徒2	32
生徒3	45
生徒4	67
生徒5	80
生徒6	54
生徒7	82
生徒8	91
生徒9	77

並べ替え →

生徒	得点	
生徒2	32	
生徒3	45	
生徒6	54	
生徒4	67	
生徒9	77	←メディアン
生徒5	80	
生徒7	82	
生徒1	89	
生徒8	91	

データの個数が偶数個の場合は、中央の2つの値の平均値がメディアンになります。例えば、「1, 4, 5, 8, 8, 9」なら $(5 + 8) \div 2 = 6.5$ がメディアンになります。

一般に、平均はデータが左右対称にばらつく場合に適しています。そうでないデータを表すにはモードやメディアンを用います。分散分析ではデータが左右対称にばらつくことを前提とし、各群の平均の差をみていきます。

散布度

代表値と並んで重要なデータの特徴が、**散布度**です。

たとえば、中間テストの数学の平均点が、1組と2組ともに61点でした。1組と2組の生徒それぞれ40名の得点を10点ごとに区間を区切って集計し、度数分布表にします。それをグラフにしたのが図4-1-3です。このような棒グラフを**ヒストグラム**といいます。

▼ 図4-1-3　1組と2組の得点のヒストグラム

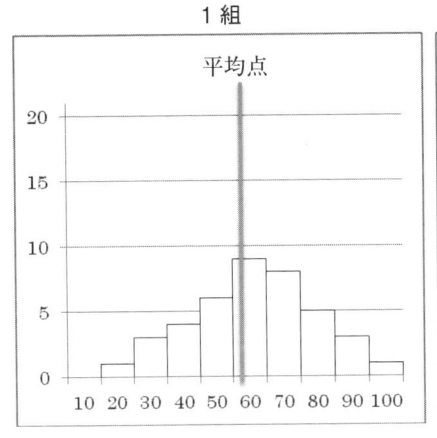

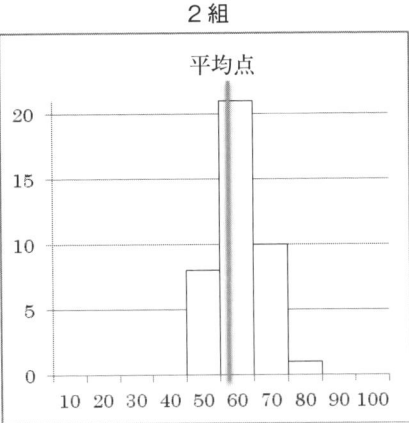

1組のヒストグラムをみてください。平均点の近くが高く、周辺に行くほど低くなるような山の形をしています。そのようなとき正規分布を予想することができます。

もう1つの、2組のヒストグラムをみてください。平均点は同じなのに、ヒストグラムの形が全く違いますね。このように平均値が同じであっても、グループ同士を比較する場合は、生徒の得点のばらつきの大きさにも注意しなくてはいけません。

ばらつきの大きさを表す指標には、**標準偏差**、**分散**、**範囲（レンジ）**などがあります。

● **標準偏差**

ある一群のデータの「標準的な1個」が示す、群の平均からのずれ（偏差）を標準偏差といいます。

たとえばデータが「6、10」の2個だけの群があるとします。この群の平均は $(6 + 10) \div 2 = 8$ となります。ここから次のように分散（総分散）を求めます。

```
データ：6         10              データの数は２個
  ↓
偏　差：6 − 8     10 − 8          それぞれデータから平均の８を引く
  ↓
分　散：(6 − 8)²  (10 − 8)²       求めた差を二乗する
  ↓
総分散：4    ＋    4    ＝ 8      足し合わせる
```

総分散＝８は、この群全体の偶然誤差を表しています。

この総分散から、データ１個当たりの分散を求めると $8 \div 2 = 4$ となり、これを（偏差の二乗なので）元の寸法に戻すため $\sqrt{}$ すると、データ１個あたりの偏差になります。これが標準偏差で、$\sqrt{4} = 2$ となります。

こうして、この群の「標準的な１個」のデータは、群の平均からプラスマイナス２の偏差でずれて発生することがわかります。

標準偏差の値が大きくなるほど、データのばらつきの幅は広くなり、分布はなだらかな外形線を描くようになります。逆に、標準偏差の値が小さければ、分布はだんだんと細く、尖ってきます。

● **範囲（レンジ）**

標準偏差は、平均と同じく、正規分布を前提とした散布度です。平均のプラス側・マイナス側に同等にずれることを想定した値です。したがって、データ分布が左右非対称の場合は、適切な散布度とはいえません。

次ページに示す10個のデータは小さい順に並べられていますが、分布は左右非対称です。そういうときは、範囲を用います。たとえば60％範囲（パーセンタイルレンジ）は、全10個のデータのうち中心寄りの６個の範囲です（左から３個目の「１」から、右から３個目の「２」まで）。全体の６割のデータが１～２の範囲にばらつくということがわかります。

ちなみにこのデータから平均＝2.00、標準偏差＝1.55 と計算できますが、この群のデータのばらつきが 2.00 ± 1.55 であるといっても、それは実態に

```
1, 1, 1, 1, 1, 1, 2, 2, 5, 5
  ↑                 ↑
  └─ 60％の範囲 ─┘
```

合っていないでしょう。

なお100％範囲は、いわゆる最小値・最大値となります。

● **js-STARにおける標準偏差の出力**

ここでjs-STARが出力する標準偏差について解説しておきます。

基本的に、データとは、無限個のデータ集団（**母集団**）から抽出された有限個のデータ（**標本**）であると考えます。

この母集団の平均（**母平均**）は、原理的に未知ということになっていますが、標本のデータから求められる平均値が、その母平均の適当な推定値になります。

一方、母集団の標準偏差や分散も未知であり、やはり標本のデータから推定するしかありませんが、標本の標準偏差や分散は、適当な推定値としては、やや小さいことが知られています。特に、分散については、一群の総分散をデータ数（N）で割るのではなく、自由度（N − 1）で割ると（やや大きめになり）、母分散の推定値として偏りがなく適当になります。これを**不偏分散**といいます。

そこで、標準偏差も、この不偏分散を√した値を用いることがよくあります。ただし、不偏分散の平方根は、母集団の標準偏差の適当な推定値にはならず（複雑な話ですが）、不偏標準偏差とは呼びませんので注意が必要です。

論文やレポートでは、標準偏差がどちらの方法であるかを明示しながら一貫して用いるなら、問題ありません。実用的には、分散分析などの統計計算には、データ1個当たりの分散値（**標本分散**）が便利です。一般的に、データの要約統計量として平均と標準偏差を示すときには、自由度1個当たりの分散値（不偏分散）の平方根が慣例として用いられています。

js-STARでは、標本の標準偏差を出力しています。js-STARが出力する

Rプログラムのほうでは、不偏分散の平方根を計算しています。Rを使いこなされる方は、比べて値が異なることを確かめてください。

分散分析の考え方

ようやく本題に入り、分散分析のしくみを簡単な数値で考えてみます。実際の分析では1群20個くらいのデータを取ることを目標にしますが、ここでは、1群のデータ数を、平均値が出せる最小限の、2個であることにしましょう。10点満点のテストで、下のような得点になったとします。

X群［1, 3］　　　　　　　Y群［6, 10］

X群の平均 = $\dfrac{1+3}{2}$ = 2　　Y群の平均 = $\dfrac{6+10}{2}$ = 8

各群の平均を求めていますが、さらに両群をあわせた全4個の平均値を求めることにしましょう。すなわち、(1 + 3 + 6 + 10) ÷ 4 = 5です。これを**母平均**と呼びます。

4個のデータは、もともとこの母平均5の値を示すと仮定します。すなわち、各データが全く何の作用も、一切の影響も受けなければ、全部が全部、完全にこの同一の母平均の値「5」をとるものとします。それがX群に入れられたり、ある個性をもった生徒から取られたりするので、本来の5の値が1になったと考えるのです。

いわば、ロナルド・フィッシャーは、「1のデータはなぜ1になったのか」「10のデータはなぜ10になったのか」を考えたわけです。本来5の値をとるはずだったデータは、たとえばX群に入れられたためX群の平均値2に引きずられてマイナス側へ3ずれてしまい (5→2)、そこからさらに（何だかわからない理由で）マイナス側へ1ずれてしまった (2→1)。それでこのデータは、値＝1となって出現した。そう考えるのです。

同じように、たとえば6のデータは、Y群に入れられたため、Y群の平均

値8に引きずられてプラス側へ3ずれてしまい（5→8）、そこからやはり何だかわからない理由でマイナス側へ2戻ってしまった（6←8）。つまり図4-1-4のように考えます。

▼ 図4-1-4　母平均を示すはずのデータが、群の影響や偶然によりばらつく

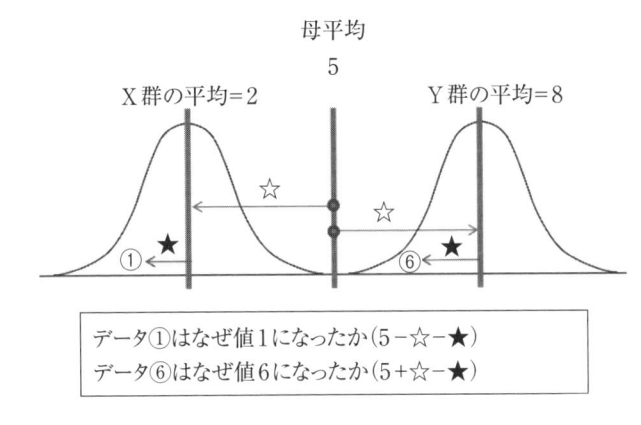

母平均
5
X群の平均＝2　　　Y群の平均＝8

データ①はなぜ値1になったか（5−☆−★）
データ⑥はなぜ値6になったか（5+☆−★）

この考え方をすべてのデータに当てはめると、データの動き方は次のように2つのずれに分解できるでしょう。

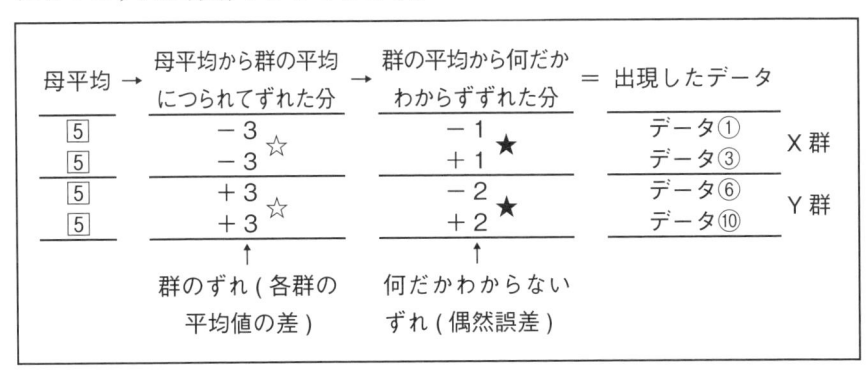

母平均	→	母平均から群の平均につられてずれた分	→	群の平均から何だかわからずずれた分	＝	出現したデータ	
5		−3 ☆		−1 ★		データ①	X群
5		−3 ☆		＋1 ★		データ③	
5		＋3 ☆		−2 ★		データ⑥	Y群
5		＋3 ☆		＋2 ★		データ⑩	
		↑		↑			
		群のずれ（各群の平均値の差）		何だかわからないずれ（偶然誤差）			

このように、それぞれのデータの値は、「群のずれ」と「何だかわからないずれ」の2つのずれに分解できます。このうち、群のずれは、各群の平均値の差ですので、2群を設けた効果とみなせます（群の効果）。また、「何だかわからないずれ」は、偶然に生じる数値の揺れ、すなわち「偶然誤差」と

みなせます。

　こうして群の効果と偶然誤差の大きさを、具体的な数量として比べることができます。群の効果が偶然誤差よりずっと大きければ、群の効果は偶然とはいえないことになるでしょう。実際に計算してみましょう。

　群の効果は、先の「$-3, -3, +3, +3$」を二乗して合計します（そのまま足すと0になるので±を消すため二乗します）。群の効果 = $(-3)^2 + (-3)^2 + 3^2 + 3^2 = 36$ となります。

　偶然誤差の大きさは、上の「$-1, +1, -2, +2$」を二乗して合計し、偶然誤差 = $(-1)^2 + 1^2 + (-2)^2 + 2^2 = 10$ になります。

　分散とはこのようにずれを二乗した値です。データの値を、群の効果と偶然誤差とに「分散」として分解するので、この方法を"分散の分解"、すなわち**分散分析**と呼んでいます。分析結果は下のような**分散分析表**として表します（表4-1-5）。

▼ 表4-1-5　分散分析表

要因	偏差平方和		自由度		平均平方	F値
群の効果	36	÷	1	=	36	
						= 7.2
偶然誤差	10	÷	2	=	5	

　　　　　　　　↑
　　　　　　先に計算した分散

　群の効果36と偶然誤差10の分散を、**偏差平方和**（SS, Sum of Square）といいます。ずれ（偏差）を二乗（平方）して足した総和なので、そう呼びます。

　自由度（df, degree of freedom）は分散の出方を左右する指数であり、群の効果の自由度は（群の数 − 1）、偶然誤差の自由度は（データ数 − 群の数）となります。自由度が大きいと分散も大きくなりますので、公平な比較のた

めに、分散を自由度1個分に換算して比べます。それが平均された分散、すなわち**平均平方**(MS, Mean Square)です。

最終的に、平均平方を分子・分母として、群の効果が偶然誤差の何倍あるかを算出します(36 ÷ 5 = 7.23)。これを **F比**(または **F値**)といいます。

F = 1 なら、群の効果はない、つまり両群の平均値の差は偶然に出現した程度の大きさとみなされてもしかたありません。しかし、この例のように F = 7.2 と7倍もあると、群の効果は偶然に出現したとするには大きすぎる、したがって偶然の産物ではない、と考えることができるでしょう。

実際に F = 7.2 が偶然に出現する確率を理論的に求めることによって有意性を検定します。この例ではデータ数が少ないため偶然確率はそれほど小さくはなく($p = 0.1153$)有意にはなりませんが、F比が大きくなるほど、図4-1-6(**F分布**という)のように偶然確率は極小となってゆきます。その5%未満の裾野を「有意水準の領域」として、ここに入る大きなF比を有意と判定します。

▼ 図4-1-6 F分布で有意水準5%の裾野に入ると有意

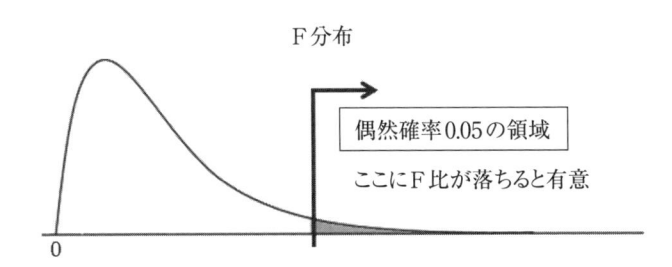

※F分布は2つの自由度(群の効果の自由度と、偶然誤差の自由度)により変化する。

● js-STARで分散分析してみると…

4-2節以降で js-STAR における分散分析の操作を解説しますが、この例で js-STAR を使い分散分析を実行すると、次のような出力結果が得られます。

第4章 複数のグループで平均に差があるかを調べる － 分散分析

```
[ As-Type Design ]                    ←分散分析のタイプの表記
== Mean & S.D. (SD=sqrt (Vtotal/N)) ==  ←「平均と標準偏差」の意味
  A= X群 Y群
------------------------------------------------
A       N         Mean           S.D.
------------------------------------------------
1       2         2.0000         1.0000
2       2         8.0000         2.0000
------------------------------------------------
```

【語の意味】
A：要因（ここでは群の効果）　N：参加者数　Mean：平均　S.D.：標準偏差

```
== Analysis of Variance ==            ←「分散分析表」を示す

S.V     SS        df        MS         F
------------------------------------------------
 A      36.0000    1        36.0000    7.20 ns  ←「ns」、つまり有意ではない
 subj   10.0000    2         5.0000

Total   46.0000    3        +p<.10  *p<.05  **p<.01
```

【語の意味】
S.V：分散の要因　SS：偏差平方和　df：自由度　MS：平均平方　F：F比
A：要因（ここでは群の効果）　subj：偶然誤差　Total：合計

　ここで、平均（Mean）と標準偏差（S.D.）に注目してください。

　平均の値をみるだけでも、要因A（群の効果）の総分散36を計算することができます。母平均を求めて、それからのずれを二乗して（分散になる）、その総和を計算すればよいのです（次式参照）。

> 母平均　　　　　＝（2.0 + 8.0）÷ 2 = 5.0
> 要因 A の総分散　＝（2.0 − 母平均）^{2} ×データ数（2）
> 　　　　　　　　＋（8.0 − 母平均）^{2} × データ数（2）= 36

一方、標準偏差は、各群の偶然誤差（何だかわからないデータの揺れ）を表していますので、やはりこれを二乗してデータ数を掛けると、偶然誤差の総分散 10 を求めることができます。

> 偶然誤差の総分散＝ 1.00^2 ×データ数（2）＋ 2.00^2 ×データ数（2）＝ 10

このように分析のレポートでは、必ずデータ数（N）、平均値（Mean）、標準偏差（S.D.）の 3 点セットを示しますが、それは群の効果と偶然誤差が推定できるからなのです。

さて、分散分析の原理が理解できたでしょうか。4-2 節以降では、もっと実践的な例を取り上げています。

多重比較法

分散分析では、2 群を超える複数の群においても、平均値に差があるかどうかを検定することができます。しかし残念ながら 3 群以上の場合、どの群の間で差があったのかまでは教えてくれません。

そこで、分散分析の結果が有意になったとき、続いてどの群の間で差があるのかを教えてくれるのが**多重比較法**です。js-STAR では以下の多重比較を実装しています。分析するデータに応じて、多重比較法を使い分けてください。多重比較法の実装にあたり参考にさせていただいたのは、『統計的多重比較法の基礎』（永田靖・吉田道弘 著、サイエンティスト社）です。

・LSD 法

計算が容易で、すべての分散分析に実装しています。群において実験の参

加者数が等しくない場合でも使えるように、補正して計算しています。注意点としては、4群以上では使ってはいけません。3群以内の多重比較であれば問題ないことが、数学的に証明されています。

・HSD 法（Tukey-Kramer 法）

テューキー法を、群における実験の参加者数が等しくない場合でも使えるように補正して計算しています。群の数が多い場合には、Bonferroni 法よりも有意差が出やすいといわれています。

・Bonferroni 法（ボンフェローニ法）

検定全体の有意水準を検定回数で割って調整する方法です。検定全体の有意水準を5%とすると、A、B、Cの3群を比較する場合は、AとB、AとC、BとCの3回の検定を行うので、有意水準を5% ÷ 3回 = 1.7%として、それぞれ2群比較を行います。そのため、群の数が多く検定回数が多い場合には、有意差が出にくくなります。

・Holm 法（ホルム法）

Bonferroni 法の改良型です。Bonferroni 法では、検定全体の有意水準5%として3回の検定を行う場合には有意水準を一律5% ÷ 3回 = 1.7%として検定を行います。Holm 法では、3回の2群比較の統計検定量の大きい順に5% ÷ 3 = 1.7%、5% ÷ 2 = 2.5%、5% ÷ 1 = 5.0%と各回ごとに調整して検定を行います。Bonferroni 法より、有意差が出やすくなります。

js-STARにおける分散分析のタイプと呼び方

js-STAR において行うことのできる分散分析のタイプは、次ページの表4-1-7 の通りです。js-STAR ではそれぞれのタイプについて、As や ABs などの記号をつけています。記号の意味は、A、B、C などがそれぞれ要因を示しています。s は参加者を意味しています。

どのタイプの分散分析を選べばよいかを判断するには、図4-1-8のように参加者（ここでは生徒1〜生徒n）を縦一列にとり、その右欄にデータを打ち込んでいく形式のデータリストを作成します。いわゆる「1人1行の鉄則」に従います。

こうして作ったデータリストにおいて、要因名の見出しをABCの記号に置き換え、左から右へ読むと、該当する分散分析のタイプが簡単にわかります。

▼ 表4-1-7　js-STARで行える分散分析のタイプ

実験計画		js-STARでの記号
1要因	参加者間計画	As
	参加者内計画	sA
2要因	参加者間計画	ABs
	混合計画	AsB
	参加者内計画	sAB
3要因	参加者間計画	ABCs
	混合計画	ABsC
	混合計画	AsBC
	参加者内計画	sABC

▼ 図4-1-8　2要因におけるデータリストの例

2要因参加者間 ABs

対人経験 (A)	学力 (B)	参加者 (s)	データ
多い (A1)	学力上位 (B1)	生徒1	12
		生徒2	25
	学力中位 (B2)	生徒3	10
		生徒4	23
	学力下位 (B3)	生徒5	19
		生徒6	11
少ない (A2)	学力上位 (B1)	生徒7	14
		生徒8	25
	学力中位 (B2)	生徒9	11
		生徒10	18
	学力下位 (B3)	生徒11	28
		生徒12	17

2要因混合 AsB

学習法 (A)	参加者 (s)	学習前後 (B)	
		事前 (B1)	事後 (B2)
反復法 (A1)	生徒1	11	25
	生徒2	10	23
文章法 (A2)	生徒3	14	19
	生徒4	11	21
	生徒5	17	25
イメージ法 (A3)	生徒6	14	16
	生徒7	15	17

2要因参加者内 sAB

参加者 (s)	明るい部屋 (A1)		暗い部屋 (A2)	
	静 (B1)	騒 (B2)	静 (B1)	騒 (B2)
生徒1	25	12	15	9
生徒2	23	10	19	8
生徒3	19	14	20	10
生徒4	21	11	18	7

4-2

1要因参加者間計画の分散分析

1要因参加者間計画は、要因が1つであり、異なる参加者の間で比較を行う**参加者間分散分析**です。さっそく実際に例題を解いていきましょう。

例題13　どちらの学習方法に効果があるのか？

2つの学習形態（一斉授業と体験活動）を設定し、授業後にテストを行いました。平均点が一斉授業群9.5点、体験活動群12.5点になりました。群の平均点に差があるといえるでしょうか？

● **データの構造**

▼ 表4-2-1　2つの学習形態による得点

第1水準：一斉授業群（A1）		第2水準：体験活動群（A2）	
生徒（s）	得点	生徒（s）	得点
生徒1	7	生徒9	13
生徒2	8	生徒10	14
生徒3	11	生徒11	9
生徒4	9	生徒12	13
生徒5	13	生徒13	11
生徒6	8	生徒14	10
生徒7	11	生徒15	16
生徒8	9	生徒16	14
平均	9.5	平均	12.5

ここで要因は「学習形態」、群の数は2つ、参加者の数は各8人です。

これは最もシンプルな実験計画です。この例では、「学習形態」という**要因**に注目し、「一斉授業群」と「体験活動群」という2群を設けています。

これを2つの**水準**を設定した、といいます。したがって、1要因2水準という実験計画になります。

● 証明したいこと（対立仮説）

> 一斉授業群と体験活動群で、テストの平均点に差がある。

● 統計的検定の考え方

　分散分析であっても、検定の原理は同じです。なお、分散分析ではそれぞれの群の差について方向性を考慮しないため、片側検定・両側検定を区別して注記する必要はありません（常に両側検定）。

❶ 仮説を立てる。
　　対立仮説：一斉授業群と体験活動群で、テストの平均点に差がある。
　　帰無仮説：一斉授業群と体験活動群で、テストの平均点に差がない。
❷ データは帰無仮説に従い出現したと考える。
　　平均点の差は偶然に出現したに過ぎないとする。
❸ この結果が偶然に出現する確率を求める。
　　検定統計量であるF比を使って偶然確率pを計算する。
❹ 偶然確率pの大きさを評価する。
　　有意水準5％を下回ったら、「偶然に出現したのではない」（帰無仮説に従っていない）と判定する。→**有意**

● js-STARの操作方法

❶ js-STARメニューの「分散分析」から「As（1要因参加者間）」を選ぶ。
❷ 「データエリア」で設定を行う（次ページ参照）。要因名（調査テーマ）を「学習形態」、群の数を「2」、第1水準参加者数を「8」、第2水準参加者数を「8」に設定。続いて1人1行の鉄則に従い、セルに参加者データを繰り返し入力。次の「セル」に移るには [Tab] キーを使うと便利。
❸ 多重比較法の種類を選ぶため、「HSD法」「Holm法」にチェックを入れる。

第4章 複数のグループで平均に差があるかを調べる ― 分散分析

❹「計算！」ボタンをクリックする。
❺ 結果が出力される。

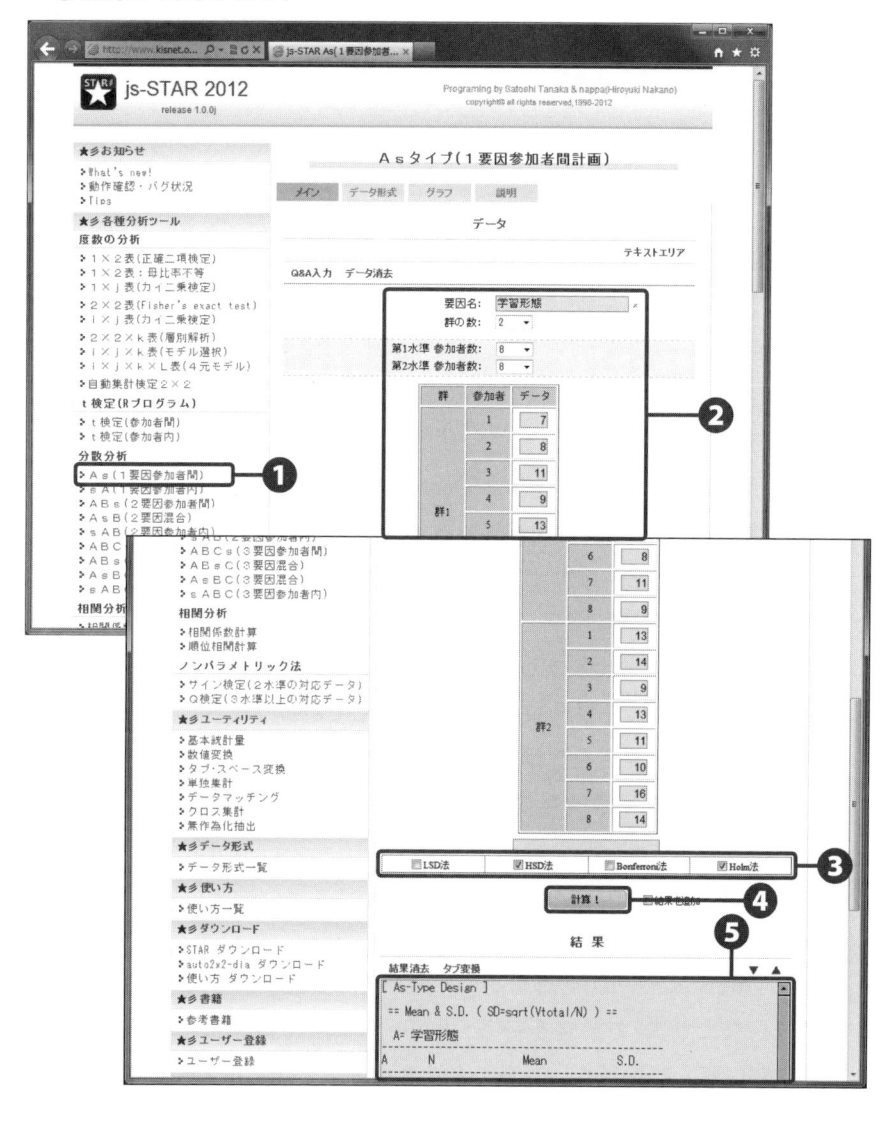

補足 手順2で設定する要因名は何でもかまいませんが、仕様上、半角スペースを使うことはできませんのでご注意ください。

● 出力結果と見方

```
[ As-Type Design ]                    ←1要因参加者間計画（Asタイプ）
== Mean & S.D. (SD=sqrt (Vtotal/N)) == ←平均と標準偏差の表
A= 学習形態                            ←要因名
--------------------------------------
A       N       Mean    S.D.
--------------------------------------
1       8       9.5000  1.8708
2       8       12.5000 2.1794
--------------------------------------

【語の意味】
A：要因（ここでは群の効果）  N：参加者数  Mean：平均  S.D.：標準偏差
```

各水準の平均と標準偏差の表が出力されます。これを見ただけでは有意差があったのかどうかはわからないので、次の分散分析表に進みます。

```
== Analysis of Variance ==             ←分散分析表
S.V     SS              df      MS       F
--------------------------------------------------
A       36.0000   ÷    1   =   36.0000 → 7.64   *
subj    66.0000   ÷   14   =    4.7143 ↗
--------------------------------------------------
Total   102.0000       15      + p<.10  * p<.05  ** p<.01

【語の意味】
S.V：分散の要因  SS：偏差平方和  df：自由度  MS：平均平方  F：F比
A：要因（ここでは群の効果）  subj：偶然誤差  Total：合計
```

要因A（群の効果）のF比 = 7.64についている「＊」が有意性を示しています。有意水準5％未満で「＊」、1％未満で「＊＊」となります。5％以上10％未満で「＋」（有意傾向あり）、10％以上で「n.s.」（non-significant、有意でない）となります。

ここでF比は、

$$\frac{\text{要因の偏差平方和} \div \text{要因の自由度}}{\text{誤差の偏差平方和} \div \text{誤差の自由度}} = \frac{\text{要因の平均平方}}{\text{誤差の平均平方}} = \frac{36.0000 \div 1}{66.0000 \div 14}$$

$$= \frac{36.0000}{4.7143} = 7.64$$

として求めた値です。ここでF比を求めるのに用いた「要因Aの自由度」の1と「誤差subjの自由度」の14は、結果に記述しなければなりませんので、結果の書き方を参照してください。

● グラフ

▼ 図4-2-2　第1水準と第2水準における平均点

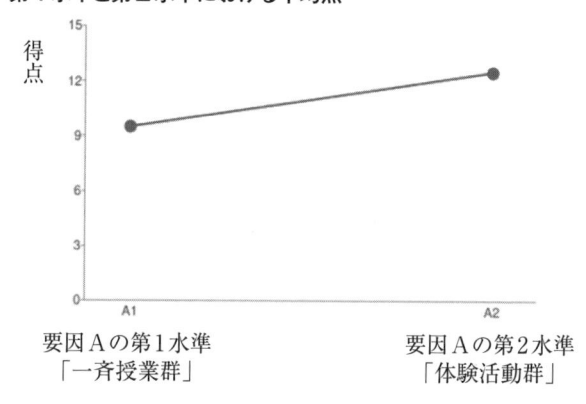

要因Aの第1水準　　　　　要因Aの第2水準
「一斉授業群」　　　　　　「体験活動群」

　要因A（ここでは学習形態）の、第1水準（一斉授業群）と第2水準（体験活動群）における平均点を示しています。

● 結果の書き方

学習形態の違いにより、テストの得点に差があるかを比較した。分散分析を行った結果、一斉授業群より体験活動群のテストの平均が、有意に高かった（$F(1,14) = 7.64, p<.05$）。したがって、一方的に教師の説明を聞く一斉授業の受身的な学習活動よりも、自ら体験する学習活動の方が、課題の定着度が高いと考えられる。

ここで、「F（1,14） = 7.64, p<.05」というのは、F比が7.64で自由度が1と14であり、偶然確率pが5％未満で有意、という意味です。

● **解説**

js-STARが出力した分散分析表を見ると、要因Aの分散（偏差平方和SS）は36.0、偶然誤差の分散は66.0です。

分散分析の原理を知っていれば、これをデータ数（= 8）、平均値（= 9.5, 12.5）、標準偏差（= 1.87, 2.18）から求めることもできます。

母平均 =（9.5 + 12.5）÷ 2 = 11.0

要因Aの分散 =（9.5 − 11.0$)^2$ × 8 +（12.5 − 11.0$)^2$ × 8 = 36.0
　　　　　　　　　　↑　　　　　　　　　↑
　　　　　それぞれ「平均値からのずれの二乗×データ数」

偶然誤差の分散 = 1.87^2 × 8 + 2.18^2 × 8 = 66.0
　　　　　　　　　↑　　　　　↑
　　　　　それぞれ「標準偏差の二乗×データ数」

こうして分散分析表では、要因A（両群の平均間の差）が偶然誤差の何倍あるかを分数として求めています（ただし自由度1個分の平均平方MSとして比べます）。これがF比であり、F = 7.64という大きな値が得られました。

分散分析では最後に、このF = 7.64の偶然確率を求めて検定します。今回は、p<0.05（正確にはp = 0.015）でした。なお、F比の偶然確率分布であるF分布は、F比の分子・分母の2個の自由度（この例ではdf1 = 1, df2 = 14）によって分布形が決まりますので、結果を書くときには2個の自由度も付記するようにします。なお「F（1,14） = 7.64」以外にも、「F = 7.64, df1 = 1, df2 = 14」と書くこともできます。

なお、カイ二乗検定と同じく、分散分析もずれを二乗して方向性を消していますので、2つの群のどちらが大きいか（または小さいか）を特定した対立仮説を立てることができません。ですから、片側検定・両側検定を区別して注記する必要はありません。そのように、どちらが大きい・小さいという有意差の方向を消したので、それがまた2群を超えた3群以上の有意差を検定できる利点にもなっているのです。

練習問題8　レギュラーと控え選手に差はあるか？

バスケットボールのフリースローで、50本中何本成功したか記録を取りました（表4-2-3）。レギュラーと控え選手で成功数に違いがあるといえるでしょうか？

（解答は p.203）

・分析データ：フリースロー成功回数（3回の平均回数）
・1要因参加者間計画（Asタイプ）
・要因名：A（任意）
・水準数：2（レギュラー、控え選手）
・第1水準参加者数：5
・第2水準参加者数：5

▼ **表4-2-3　フリースロー成功回数**

レギュラー	控え選手
36	41
29	34
49	36
45	28
30	21

練習問題❾ 男女で数学テストの得点に差はあるか?

表4-2-4から、数学テストの得点で男女差があるといえるのでしょうか?

(解答はp.203)

・分析データ:数学テストの得点
・1要因参加者間計画(Asタイプ)
・要因名:A(任意)
・水準数:2(男子、女子)
・第1水準参加者数:8
・第2水準参加者数:8

▼ 表4-2-4　男女における数学テストの得点

男子	女子
14	10
20	11
15	6
8	7
15	12
19	18
16	13
19	15

4-3 1要因参加者間計画の分散分析と多重比較

　前節の例題13では、2つの学習形態でどちらが効果があるのかを比較しました。この例で有意差があった場合は、平均値の大きいほうがより効果があったと、すぐに結論づけることができます。

　しかし、3つの学習形態を比較するときはどうなるでしょうか？ 平均値が表面上ではX群＜Y群＜Z群となったとしても、実質的にX群とY群に有意差があるのか、Y群とZ群に有意差があるのか、X群とZ群に有意差があるのかをさらに検討しなければなりません。そのような例をやってみましょう。

例題14　一番効果がある学習方法はどれか

　3つの学習形態（一斉授業、体験活動、討論学習）を設定し、授業後にテストを行いました。平均点が一斉授業群9.5点、体験活動群12.5点、討論学習群13.0点になりました。3群の平均点に差があったといえるでしょうか？

● データの構造

　例題13に引き続き、1要因参加者間計画の分散分析を行います（表4-3-1）。
　学習形態という要因Aに注目し、3群（3水準）を設定して各群に異なる参加者（s）を割り当てています。よってjs-STARではAsタイプの分散分析となります。

4-3 1要因参加者間計画の分散分析と多重比較

▼ 表4-3-1　一斉授業群、体験活動群、討論学習群におけるテストの点数

一斉授業群（A1）		体験活動群（A2）		討論学習群（A3）	
生徒（s）	得点	生徒（s）	得点	生徒（s）	得点
生徒1	7	生徒9	13	生徒17	11
生徒2	8	生徒10	14	生徒18	9
生徒3	11	生徒11	9	生徒19	13
生徒4	9	生徒12	13	生徒20	11
生徒5	13	生徒13	11	生徒21	15
生徒6	8	生徒14	10	生徒22	14
生徒7	11	生徒15	16	生徒23	17
生徒8	9	生徒16	14	生徒24	14
平均	9.5	平均	12.5	平均	13.0

● **証明したいこと（対立仮説）**

一斉授業群と体験活動群と討論学習群で、テストの平均点に差がある。

● **統計的検定の考え方**

❶ **仮説を立てる。**

　対立仮説：一斉授業群と体験活動群と討論学習群で、テストの平均点に差がある。

　帰無仮説：一斉授業群と体験活動群と討論学習群で、テストの平均点に差がない。

❷ **データは帰無仮説に従い出現したと考える。**

　平均点の差は偶然に出現したに過ぎないとする。

❸ **この結果が偶然に出現する確率を求める。**

　検定統計量であるF比を使って偶然確率pを計算する。

❹ **偶然確率pの大きさを評価する。**

　有意水準5％を下回ったら、「偶然に出現したのではない」（帰無仮説に従っていない）と判定する。→有意

　多重比較を行う。　【←3水準以上で付け加わる！】

複数回の比較を行っても有意水準が変化しないように、すべての群間の比較をする。

● js-STARの操作方法

❶ js-STARメニューの「分散分析」から「As（1要因参加者間）」を選ぶ。
❷ 要因名（調査テーマ）を「学習形態」、群の数を「3」、第1水準参加者数を「8」、第2水準参加者数を「8」、第3水準参加者数を「8」に設定。続いて1人1行の鉄則に従い、セルに参加者データを繰り返し入力。次の「セル」に移るには Tab キーを使うと便利。
❸ 多重比較法の種類を選ぶため、「HSD法」「Holm法」にチェックを入れる。
❹「計算！」ボタンをクリックする。
❺ 結果が出力される。

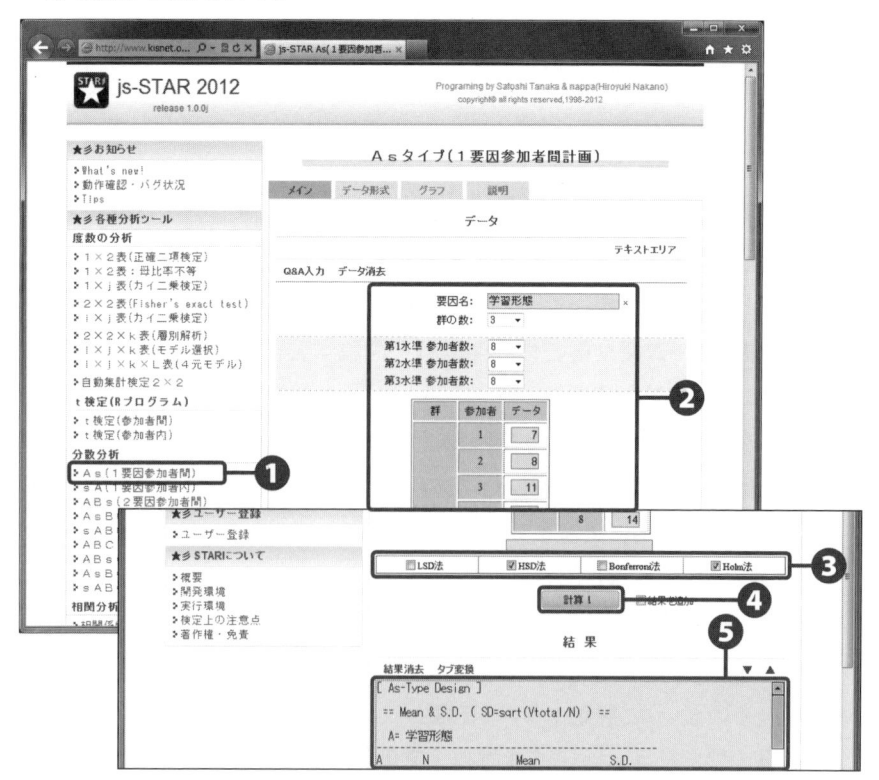

● 出力結果

```
[ As-Type Design ]
== Mean & S.D. (SD=sqrt (Vtotal/N)) ==
A= 学習形態
------------------------------------------------
A       N       Mean    S.D.
------------------------------------------------
1       8        9.5000 1.8708
2       8       12.5000 2.1794
3       8       13.0000 2.3979
------------------------------------------------


== Analysis of Variance ==
S.V     SS              df      MS              F
------------------------------------------------
A        57.3333 ÷      2  =   28.6667  → 5.38     *
subj    112.0000 ÷     21  =    5.3333 ↗
------------------------------------------------
Total   169.3333       23        + p<.10   * p<.05   ** p<.01
```

※各語の意味は p.147 参照。

$F = 5.38$ です。有意水準5％で有意差ありという結果です。3群の平均点に差があるということはわかりましたが、どの群間に差があるのかは分散分析表からはわかりません。そこで、次に多重比較の表を見ます。

```
== Multiple Comparisons by HSD ==      ← HSD 法による多重比較
(MSe=5.3333, * p<.05)       ←分散分析表の subj の MS の値
------------------------
A1 < A2 *    (HSD=2.9108)   |  9.5000 − 12.5000 | > 2.9108    有意差あり
A1 < A3 *    (HSD=2.9108)   |  9.5000 − 13.0000 | > 2.9108    有意差あり
A2 = A3 n.s. (HSD=2.9108)   | 12.5000 − 13.0000 | < 2.9108    有意差なし
------------------------
```

※ HSD は 2 群の平均の差の有意差判定に用いた値。
 |○−○| は絶対値の意味。例：| 9.5000 − 12.5000 | =3。

HSD法による多重比較の結果を読み解くと、次のようになります。

```
一斉授業  <  体験活動  ：体験活動は一斉授業に比べ、有意に大きい。
一斉授業  <  討論学習  ：討論学習は一斉授業に比べ、有意に大きい。
体験活動  =  討論学習  ：体験活動と討論学習には有意な差がない。
```

誤差の平均平方（MSe）の値は、結果に記述しなければなりません。結果の書き方を参照してください。

なお、多重比較法で「HSD法」「Holm法」にチェックを入れましたので、Holm法による多重比較の結果も出力されます。HSD法と見比べてみると、どちらも同じ結果だったことがわかります。

```
== Multiple Comparisons by Holm ==     ← Holm法による多重比較
(MSe=5.3333, * p<.05)
-------------------------------
 A1 < A2 *   (alpha'= 0.0250)   0.0250=0.05/2  有意差あり
 A1 < A3 *   (alpha'= 0.0167)   0.0167=0.05/3  有意差あり
 A2 = A3 n.s. (alpha'= 0.0500)  0.0500=0.05/1  有意差なし
-------------------------------

※ alpha' は調整した有意水準。
```

Holm法は、偶然確率であるp値が小さいほど、対照すべき有意水準alpha'も小さくなるように調整し、不当に多くの有意性が得られないようにしています。

● グラフ

▼ 図4-3-2　各水準における平均点

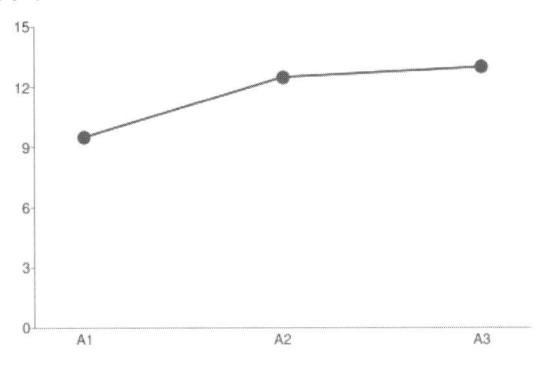

グラフは要因A（ここでは学習形態）の、第1水準（一斉授業群）、第2水準（体験活動群）、第3水準（討論学習群）における平均点を示しています。

● 結果の書き方

> 学習形態の違いによりテストの得点に差があるかを比較した。分散分析を行った結果、群の効果が有意であった（$F(2,21) = 5.38$, $p<.05$）。HSD法を用いた多重比較によると、体験活動群の平均と討論学習群の平均が一斉授業群の平均よりも有意に大きかった（$MSe = 5.33$, $p<.05$）。しかし、体験活動群と討論学習群の間の平均の差は有意ではなかった。

● 解説

テストの平均点に差があることがわかっても、3つの学習形態間のどこに差があったのかはわかりません。そこで、多重比較を行いました。

js-STARでは、帰無仮説が棄却され、かつ、要因の水準数が3以上の場合、自動的に多重比較を行います。この場合は、3つの学習形態を総当たりで比較し、その検定結果を出力します。今回は「HSD法」「Holm法」にチェックを入れましたので、2種類の方法による結果が出力されますが、HSD法を用いて結果を記述しました。

分散分析の後の多重比較では、2群同士の比較を繰り返すことになります。このとき何回も検定を行うので、不当に多くの有意性を得やすいという多重検定問題が生じます（1回しかクジを引けないときに何回もクジを引いてしまうような問題）。

　これに対処するために、有意水準5%を実質的に厳格化する方法をとります。たとえばBonferroni法では（有意水準÷検定回数）として有意水準を調整します。この例では多重比較は3回ですので、調整された有意水準は $0.05 \div 3 = 0.0167$ に設定し直されます。これは有意水準を調整する方法ですが、一方で、有意差を調整する方法もあり、代表的方法がテューキーのHSD法です。

　それぞれ調整後は有意差の検出力が違ってきます。Bonferroni法はHSD法より厳しく（有意差を検出しにくい）、LSD法はそうした調整をしていない方法です。参加者間計画の分散分析（As）での多重比較は、テューキーのHSD法が穏当といわれています。Bonferroni法は使われなくなっており、Bonferroni法を改良したHolm法、さらに検出力の高いBenjamine & Hochberg法に代わられてきているようです。

　どれがよいかは永遠に決着がつかないでしょう。しかし、分散分析で有意差を見いだしておきながら、多重比較で有意差を検出しないというのは分析の合理性と研究の生産性から不適当と思われます。本書ではHolm法を推奨します。

　なお、分散分析を経ずに、いきなり3群の多重比較を実行することも実際は可能です。その場合、3群を構成した要因を検討するというのではなく、まさにこの3つの個々の群の優劣を検討することになります。すなわち、分散分析は、一斉授業－体験活動－討論学習という順に生徒たちの「主体性を高めること」が有効であるかどうかを検証するのが目的であり、（分散分析を経ない）多重比較は、まさに「一斉」対「体験」対「討論」という各条件設定の優劣比較をするのが目的となります。

　分散分析後の多重比較は、要因の有意性を確保したうえでの事後分析であり、仮に多重比較で有意にならなくても、すでに結論としては有望な示唆が

得られています。したがって、「主体性を高める」別の群構成を試みることを課題とすることができます。

また、実際上の用途として、2要因以上の群または条件の組み合わせでは、もはや多重比較だけではとても結果をまとめ切れないでしょう。

練習問題10　クラス間で得点に差はあるか

中間テストの結果（表4-3-3）から、クラス間で得点に差があるといえるでしょうか？　　　　　　　　　　　　　　　　　　　　　　（解答はp.203）

・分析データ：ある教科の中間テストの得点
・1要因参加者間計画（Asタイプ）
・要因名：クラス（任意）
・水準数：3（1組、2組、3組）
・第1水準参加者数：10
・第2水準参加者数：9
・第3水準参加者数：10

▼ 表4-3-3　クラス別におけるテストの得点

1組	2組	3組
90	73	70
65	64	63
75	55	78
80	63	49
70	72	30
69	64	55
82	62	87
71	63	75
76	67	69
82		62

4-4

1要因参加者内計画の分散分析

前節までで1要因の分散分析を行ってきました。同じ1要因の分析であっても、同じ参加者で繰り返しデータを取る場合は、また違う分析方法となります。

同じ参加者から繰り返しデータをとることを「参加者内」で比較するといいます。ここでは**1要因参加者内計画**の分散分析を学びます。

js-STARでは、参加者（s）の下に、要因（A）を組み込むという意味で、1要因参加者内計画を「sAタイプ」といいます。

例題15　補習の効果はあったのか

分数の足し算を学習した後、テストを行いました。50点満点のところ、平均点が29.8点とあまり思わしくありませんでした。誤答分析によると異分母の計算で通分の間違いが多いことがわかりました。

そこで、面積図を使って通分のやり方について補習を実施しました。問題の数値だけを変えて再テストを行った結果、平均点が34.9点に上がりました。補習の効果はあったといえるでしょうか？

次ページの表4-4-1は、個々の参加者の補習前と補習後の比較になっています。このように一人の参加者から繰り返しデータをとることを「参加者内」で比較するといいます。また、とられたデータは、特定の参加者のものとして対応づけが可能ですので、データに「対応がある」と表現します。

前の例題13・14は、2群比較または3群比較でしたが、各群には異なる参加者が入っており、一人が1個しかデータを与えていません。各群の優劣は、その群に所属する、異なる参加者のデータを比較することになります。これを「参加者間」で比較するといいます。当然、データが複数あっても結びつけることはできませんので、データに「対応がない」と表現します。

▼ 表4-4-1　補習前後のテストの点数

児童（s）	要因（A）：補習前後	
	第1水準：補習前（A1）	第2水準：補習後（A2）
生徒1	34	36
生徒2	28	29
生徒3	36	49
生徒4	41	45
生徒5	21	30
生徒6	17	26
生徒7	28	35
生徒8	37	32
生徒9	26	32
平均	29.8	34.9

　このように、実験計画には、参加者間と参加者内のデータの取り方があります。複雑な実験計画では、参加者間と参加者内の計画をミックスしたようなデザインもあります。これは後ほどの例題で学んでみましょう（p.167）。実は、そうしたミクスド・デザイン（混合計画）は、教育場面では最もよく現れる計画法の典型なのです。

　今回は、そこへ行く前の前段階として、参加者内のデータの取り方、すなわち参加者内計画を実行してみましょう。これは、いわゆる参加者の「伸び」を検証することが目的となります。

● 証明したいこと（対立仮説）

補習前と補習後で、テストの平均点に差がある。

● 統計的検定の考え方

　統計的仮説のみを記載します。分析手順は以前と同様です。
　帰無仮説「補習前と補習後で、テストの平均点に差がない」
　　　　　　　　　　VS
　対立仮説「補習前と補習後で、テストの平均点に差がある」

● js-STARの操作方法

❶ js-STARメニューの「分散分析」から「sA（1要因参加者内）」を選ぶ。
❷ 参加者数を「9」、要因名（調査テーマ）を「補習前後」、水準数「2」を設定。続いて1人1行の鉄則に従い、セルに各水準ごとの参加者データを繰り返し入力。次の「セル」に移るには Tab キーを使うと便利。
❸ 多重比較法の種類を選ぶため「Holm法」にチェックを入れる。
❹ 「計算！」ボタンをクリックする。
❺ 結果が出力される。

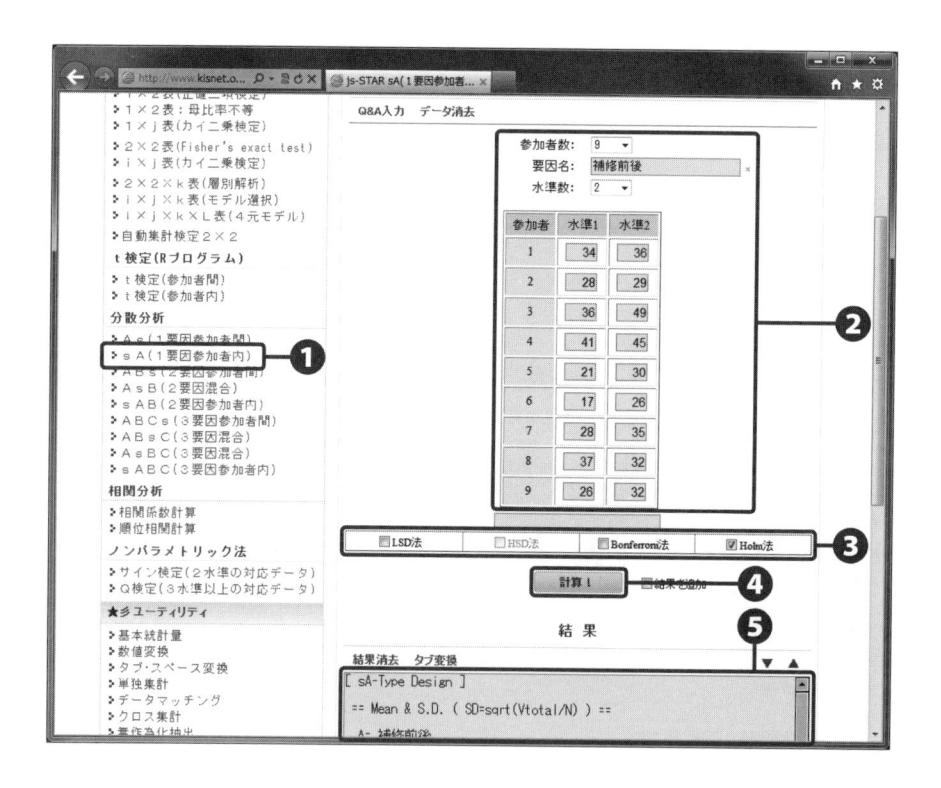

● 出力結果と見方

```
[ sA-Type Design ]           ←1要因参加者内計画（sAタイプ）
== Mean & S.D. (SD=sqrt (Vtotal/N)) ==    ←平均と標準偏差の表
A= 補習前後      ←要因名
--------------------------------------------------
A        N       Mean     S.D.
--------------------------------------------------
1        9       29.7778  7.4204
2        9       34.8889  7.1250
--------------------------------------------------


== Analysis of Variance ==   ←分散分析表
S.V      SS            df      MS              F
--------------------------------------------------
subj     839.0000      8       104.8750
--------------------------------------------------
A        117.5556  ÷   1   =   117.5556   →    8.29  *
sxA      113.4444  ÷   8   =   14.1806    ↗
--------------------------------------------------
Total    1070.0000     17              + p<.10  * p<.05  ** p<.01

【語の意味】
sxA は「個人内誤差」。その他は、
S.V：分散の要因  SS：偏差平方和  df：自由度  MS：平均平方  F：F比
A：要因   subj：偶然誤差（個人間誤差）  Total：合計
```

F比 = 8.29 は、5％水準で有意です。補習前後の「伸び」が偶然には100回に5回未満しか出現しない大きさであったと判定されました。偶然に現れるような差ではありません（有意）。ここでの分散分析の詳細は後述します。

● グラフ

▼ 図4-4-2　補習前と補習後の平均点

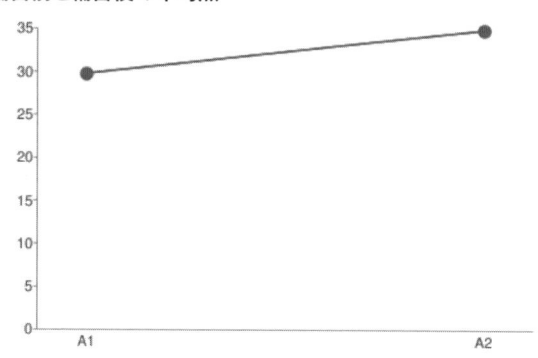

● 結果の書き方

補習前と後で分数のテストを実施した。テスト得点について分散分析を行った結果、群の効果は有意だった（F（1,8）= 8.29, p<.05）。よって、補習の効果があったといえる。

● 解説

　F比 = 8.29 は、平均間の差（補習前後の伸び）が個人内誤差の何倍あるかを示しています。補習前後の伸びは個人内の変化ですから、同じ個人内の偶然の変化（s × A）と比べることになります。

　個人間の誤差（subj）はここでは出番がありません。高い得点レベルで伸びた人も、低い得点レベルで伸びた人も、個人間の得点の高低とは関係なく、個人内で伸びたかどうかを評価します。ここでは個人内の偶然の変化より8倍以上も大きく変化した（上昇した）ということになります。

　このように分散分析 sA では、2つの偶然誤差が計算されますが、同じ個人内の要因（A）は個人内の偶然誤差（s × A）と比べて有意性を判定しています。

　もしも、このデータを1要因参加者内でなく1要因参加者間で分析すると、図4-4-3の右の表のようになります。

▼ 図4-4-3　1要因参加者内（左）の場合と1要因参加者間（右）の場合

```
    1要因参加者内の場合                    1要因参加者間の場合

S.V      SS      df    MS       F        S.V      SS       df   MS       F
---------------------------------        ---------------------------------
subj    839.0000  8   104.8750           A       117.5556   1  117.5556  1.97  ns
                                         subj    952.4444  16   59.5278
A       117.5556  1   117.5556  8.29 *
sxA     113.4444  8    14.1806           ---------------------------------
                                         Total  1070.0000  17
---------------------------------
Total  1070.0000 17
```

　1要因参加者間の結果は、有意でなくなります。要因 A の MS = 117.5556 は等しく計算されているのですが、偶然誤差の MS が大きくなっています（参加者内では 14.1806 なのに対して、参加者間は 59.5278）。左の2つの偶然誤差 subj と s×A が、右ではひとつに合計されているからです（839.0000 + 113.4444 = 952.4444）。

　個人内の要因を検定するのに個人間の偶然誤差も加えてしまうと、このようなことが起こる場合があります。分散分析のメニューを、データの取り方（実験計画）に合わせて正しく選ぶことが大切です。

練習問題11　午前と午後における計算の速さの違い

　計算力向上のために「百ます計算」を行っています。次ページの表 4-4-4 の結果から午前と午後の時間帯で、計算の速さに違いがあるでしょうか？なお、時間表示は 60 進法であるため、10 進法の四則計算と異なります。10 進法の秒に換算して入力しましょう。　　　　　　　　　（解答は p.203）

・分析データ：百ます計算にかかった時間（5回の平均時間）
・1要因参加者内計画（sA タイプ）
・参加者数：10　・要因名：午前午後（任意）　・水準数：2（午前、午後）

▼ 表4-4-4 午前と午後の計算の速さ

児童	午前	午後
生徒1	1分34秒	1分36秒
生徒2	1分28秒	1分34秒
生徒3	1分46秒	1分49秒
生徒4	1分41秒	1分45秒
生徒5	1分21秒	1分30秒
生徒6	1分17秒	1分38秒
生徒7	1分32秒	1分33秒
生徒8	1分37秒	1分32秒
生徒9	1分26秒	1分28秒
生徒10	1分31秒	1分30秒

秒に換算

午前	午後
94	96
88	94
106	109
101	105
81	90
77	98
92	93
97	92
86	88
91	90

練習問題12　宿泊体験で社会性は向上するか

　子どもたちの社会性の育成を試みました。宿泊体験を2泊3日で行い、グループで協力しあう活動をプログラムに取り入れました。宿泊体験前と2週間後で社会性アンケートを実施しました（表4-4-5）。宿泊体験での活動は社会性の向上に効果があったといえるでしょうか？　　　（解答は p.203）

・分析データ：社会性アンケート（全5問の各4段階評定を合計して得点化）
・1要因参加者内計画（sAタイプ）
・参加者数：10
・要因名　活動前後（任意）
・水準数　2（事前、事後）

▼ 表4-4-5　宿泊体験前後の社会性アンケート結果

児童	事前	事後
生徒1	14	16
生徒2	8	15
生徒3	18	19
生徒4	15	16
生徒5	5	10
生徒6	7	11
生徒7	12	13
生徒8	10	12
生徒9	6	12
生徒10	11	16

4-5
２要因混合計画の分散分析：主効果のみ有意

4-3節の例題14では、３つの学習形態のうち、どれが一番課題達成に効果があったのかを分析しました。

ここでもし、X群＞Y群＞Z群の順で有意差があったときに、「X群はもともと能力が高かったのではないですか？」といわれたら、どうしたらいいでしょうか。

この疑問に答えるためには、授業実施の前は３つの集団に学習成績の有意差がなく、授業実施後の学習成績に有意差が見られたということであれば、当の学習形態のみの効果によると主張することができそうです。

授業の実施前と実施後にデータを取って比較する方法を、**事前・事後テスト法**といいます。この場合、３種類の学習形態が第１要因、事前・事後の２回のテストが第２要因となります。

要因が２つの分散分析を**２要因分散分析**、または**２元配置分散分析**といいます。特に、１つの要因が参加者間（今回は学習法）、もう１つの要因が参加者内（今回は授業の前後）である場合を、**２要因混合計画**とよびます。js-STAR では AsB タイプといいます。

例題16 再び、一番効果がある学習方法はどれか

立体図形を理解する方法として次の３つの学習法を行い、どの学習法が一番効果があったのか調べました。まず、学習前に事前テストを行い、学習後に事後テスト行いました。どれが効果のある学習法といえるでしょうか？

【学習方法】
・立体図形の模型を作製する（模型法）

- 立体図形の映像を見る（映像法）
- 立体図形をコンピュータで操作する（PC 法）

● **データ構造**

表 4-5-1 が分析したいデータです。

要因 A は「学習法」です。これは参加者間要因であり、群（水準）の数は 3 つ（模型法、映像法、PC 法）です。

要因 B は「授業前後」です。これは参加者内要因であり、群（水準）の数は 2 つ（授業前、授業後）です。

▼ 表 4-5-1　学習法別による授業前後のテスト成績

学習法（A）	参加者（s）	授業前後（B）	
		第1水準： 事前（B1）	第2水準： 事後（B2）
第1水準： 模型法（A1）	生徒1	4	4
	生徒2	3	5
	生徒3	4	5
第2水準： 映像法（A2）	生徒4	5	6
	生徒5	4	6
	生徒6	3	4
	生徒7	4	4
第3水準： PC法（A3）	生徒8	4	5
	生徒9	5	5
	生徒10	4	6

● **js-STARの操作方法**

❶ js-STARメニューの「分散分析」から「AsB（2要因混合）」を選ぶ。

❷ 要因Aの名前を「学習法」、その群の数を「3」、各水準を「3」「4」「3」とする。続いて要因Bの名前を「授業前後」、その群の数を「2」に設定。1人1行の鉄則に従い、セルに参加者データを繰り返し入力。次の「セル」に移るには Tab キーを使うと便利。

❸ 多重比較法の種類を選ぶため、「Holm法」にチェックを入れる。

4-5 2要因混合計画の分散分析:主効果のみ有意

❹ 「計算!」ボタンをクリックする。

❺ 結果が出力される。

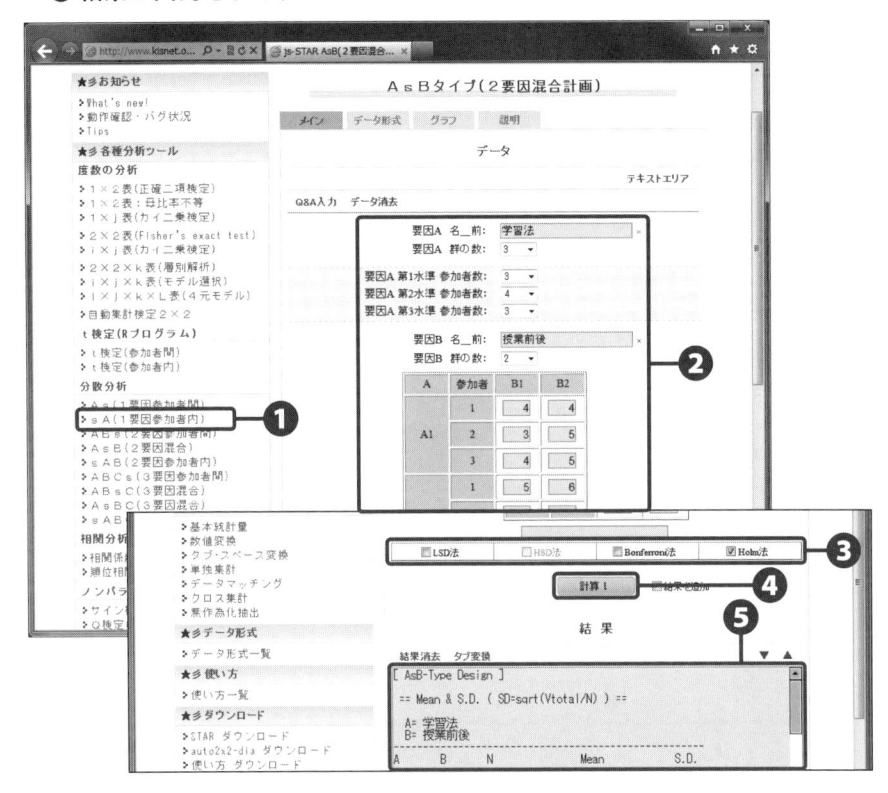

● 出力結果と見方

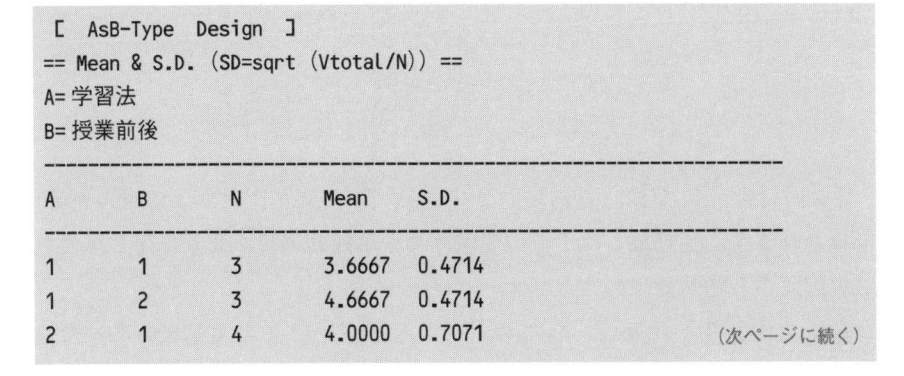

```
[ AsB-Type Design ]
== Mean & S.D. (SD=sqrt (Vtotal/N)) ==
A= 学習法
B= 授業前後
```

A	B	N	Mean	S.D.
1	1	3	3.6667	0.4714
1	2	3	4.6667	0.4714
2	1	4	4.0000	0.7071

(次ページに続く)

```
2        2        4        5.0000   1.0000
3        1        3        4.3333   0.4714
3        2        3        5.3333   0.4714
------------------------------------------------
N が不揃いです。
Unweighted-Mean ANOVA を行います。
Nh=3.27（調和平均）と仮定します。
```

「N が不揃いです。～」以降の文言は、各群の参加者数が違ったので、仮の等しい参加者数として調和平均を使って、分散分析に必要な数値を計算することを表しています（後述、p.173 参照）。

```
== Analysis of Variance ==
A (3) = 学習法       ← （ ）内の数字は水準数を表す
B (2) = 授業前後

------------------------------------------------
S.V     SS         df      MS         F
------------------------------------------------
A       1.4545  ÷  2  =   0.7273  →  0.90      ns
subj    5.6667  ÷  7  =   0.8095  ↗
------------------------------------------------
B       4.9091  ÷  1  =   4.9091  →  11.45     *
AxB     0.0000  ÷  2  =   0.0000  ↗  0.00      ns
sxB     3.0000  ÷  7  =   0.4286  ↗
------------------------------------------------
Total  15.0303     19          + p<.10   * p<.05   ** p<.01
```

※ A と B はそれぞれ要因 A、B の主効果。subj は個人間誤差。
　AxB は交互作用。sxB は個人内誤差。その他記号の意味は p.147 参照。

2要因分散分析では、主効果が2つ（A、B）、交互作用が1つ（A × B）計算されます。**主効果**とは1つの要因による単独効果で、**交互作用**とは複数の要因による相乗効果のことです。

F 比 = 0.7273 ÷ 0.8095 = 0.90 の右にある「ns」が A の主効果の有意性検

4-5 2要因混合計画の分散分析:主効果のみ有意

定の結果を示しています。つまり学習法の主効果は有意ではありませんでした。

F比 = 4.9091 ÷ 0.4286 = 11.45 の右にある「＊」がBの主効果の有意性検定の結果を示しています。つまり授業前後の主効果は5%水準で有意でした。

F比 = 0.0000 ÷ 0.4286 = 0.00 の右にある「ns」がA×Bの交互作用の有意性検定の結果を示しています。有意ではありませんでした。

授業前後（B）の主効果が有意でしたが、授業前後は2水準（事前・事後）ですので、多重比較は必要ありません。3つの学習法を込みにして事前テストと事後テストの平均点を比較します。平均と標準偏差の表の値を使って、自分で計算してください。

A	B	N	Mean	S.D.	
1	1	3	3.6667	0.4714	_____ の数字で事前テスト（B1）、
1	2	3	4.6667	0.4714	_____ の数字で事後テスト（B2）
2	1	4	4.0000	0.7071	の平均を求める
2	2	4	5.0000	1.0000	
3	1	3	4.3333	0.4714	
3	2	3	5.3333	0.4714	

事前テスト（B1）の平均 = （3.6667 + 4.0000 + 4.3333）÷ 3 = 4.0000

事後テスト（B2）の平均 = （4.6667 + 5.0000 + 5.3333）÷ 3 = 5.0000

数値から明らかなように、「事前テスト平均4点＜事後テスト平均5点」で、事後テストのほうが有意に高くなりました。

● グラフ

▼ 図4-5-2　各学習法の授業前後の平均点

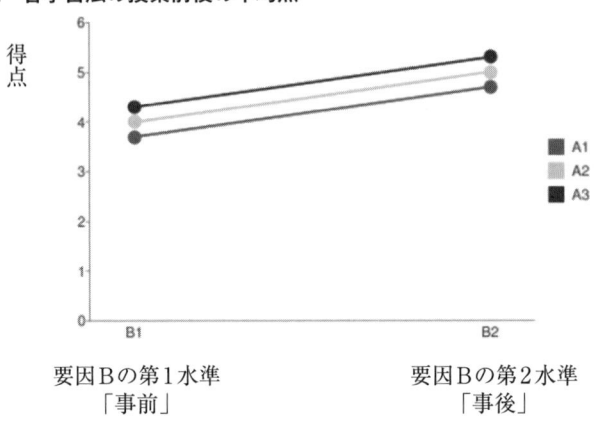

得点

B1　要因Bの第1水準「事前」　　B2　要因Bの第2水準「事後」

A1 / A2 / A3

● 結果の書き方

学習法（3）×授業前後（2）により立体図形の理解度を調べた。

	模型群		映像群		PC群	
	事前	事後	事前	事後	事前	事後
N	3	3	4	4	3	3
Mean	3.67	4.67	4.00	5.00	4.33	5.33
S.D.	0.47	0.47	0.70	1.00	0.47	0.47

表は、理解度テストの平均と標準偏差を示したものである。分散分析を行った結果、授業前後の主効果のみが有意であった（$F(1,7) = 11.45, p<.05$）。事前・事後テストの平均を比べると、事後テストのほうが大きく、どの方法も立体図形の理解度を促進する効果を示したといえる。すなわち、学習法の主効果が有意でなく（$F<1$）、学習法間の効果の差は見いだされなかった。

4-5 2要因混合計画の分散分析：主効果のみ有意

● **解説**

2要因分散分析では、主効果が2つ、交互作用が1つ計算されます。

この例では、主効果（授業前後）が1つだけ有意であり、他の主効果と交互作用は有意でありませんでした。このように3つの効果のどれが有意になり、どれが有意にならないかによって、結果の読み取り方が異なります。以降の例題においては、どの効果が有意であるか、どこに有意差があるかに注目するようにしてください。

なお、分散分析は、各群の人数が等しいことを前提にしています。1要因では問題ありませんが、2要因以上では各群の人数が異なる場合、js-STARは仮の等しい人数を求め、計算します。この仮の等しい人数は、各群の人数の調和平均を取っています（下式参照）。

$$\text{調和平均 Nh} = \frac{\text{群数}}{\frac{1}{n_1} + \frac{1}{n_2} + \frac{1}{n_3} + \cdots + \frac{1}{n_i}} = \frac{3}{\frac{1}{3} + \frac{1}{4} + \frac{1}{3}} = 3.27$$

4-6
2要因混合計画の分散分析：交互作用が有意

4-5 節の例題 16 では、テスト時期の主効果が有意になるケースを取り上げました。今回は、複数の要因が相乗効果を示す場合、つまり**交互作用**が有意になるケースを考えてみましょう。

例題 17　交互作用のある場合

実験目的と方法は例題 16 と同じです。

事後テストのデータを少しだけ変えました。データ構造は全く同じですので、例題 16 を下敷きにしながらデータを入力してください。

● **データ構造**

▼ 表 4-6-1　学習法別による授業前後のテスト成績

学習法（A）	参加者（s）	授業前後（B）	
		第1水準：事前（B1）	第2水準：事後（B2）
第1水準：模型法（A1）	生徒1	4	4
	生徒2	3	5
	生徒3	4	5
第2水準：映像法（A2）	生徒4	5	8
	生徒5	4	7
	生徒6	3	6
	生徒7	4	7
第3水準：PC法（A3）	生徒8	4	7
	生徒9	5	8
	生徒10	4	8

4-6 2要因混合計画の分散分析：交互作用が有意

● **出力結果と見方**

```
[ AsB-Type Design ]
== Mean & S.D. (SD=sqrt (Vtotal/N)) ==
A= 学習法
B= 授業前後
------------------------------------------------
A      B      N      Mean      S.D.
------------------------------------------------
1      1      3      3.6667    0.4714
1      2      3      4.6667    0.4714
2      1      4      4.0000    0.7071
2      2      4      7.0000    0.7071
3      1      3      4.3333    0.4714
3      2      3      7.6667    0.4714
------------------------------------------------
N が不揃いです。
Unweighted-Mean ANOVA を行います。
Nh ＝ 3.27（調和平均）と仮定します。

== Analysis of Variance ==
A（3）＝学習法
B（2）＝授業前後
------------------------------------------------
S.V    SS          df       MS         F
------------------------------------------------
A      11.7576 ÷  2    =    5.8788  →  7.72     *
subj    5.3333 ÷  7    =    0.7619

B      29.3333 ÷  1    =   29.3333  →  154.00   **
AxB     5.2121 ÷  2    =    2.6061      13.68   **
sxB     1.3333 ÷  7    =    0.1905
------------------------------------------------
Total  52.9697    19            + p<.10  * p<.05  ** p<.01
```

※ A と B はそれぞれ要因 A、B の主効果。subj は個人間誤差。
AxB は交互作用。sxB は個人内誤差。その他記号の意味は p.147 参照。

学習法の主効果、授業前後の主効果、学習法×授業前後の交互作用ともに有意でした。

交互作用が有意であった場合は、この表での主効果はみずに、続きの出力の「交互作用の分析表」における単純主効果の検定をみます。**単純主効果**とは、一方の要因の主効果を他方の要因の水準に分けたものです。「A」なら学習法の主効果ですが、「A at B1」ならば「事前（B1）における学習法（A）の単純主効果」となります。

```
== Analysis of AxB Interaction ==     ←交互作用の分析表

S.V            SS        df      MS         F
------------------------------------------------------------
A at B1:      0.7273  ÷  2  =   0.3636  →   0.76  ns
(subj at B1:  3.3333  ÷  7  =   0.4762

A at B2:     16.2424  ÷  2  =   8.1212  →  17.05  **
(subj at B2:  3.3333  ÷  7  =   0.4762

B at A1:      1.6364  ÷  1  =   1.6364  →   8.59  *
B at A2:     14.7273  ÷  1  =  14.7273  →  77.32  **
B at A3:     18.1818  ÷  1  =  18.1818  →  95.45  **
(sxB          1.3333  ÷  7  =   0.1905
------------------------------------------------------------
```

ここではそれぞれ以下の内容を示しています。

- A at B1　事前テストにおける学習法の単純主効果
- A at B2　事後テストにおける学習法の単純主効果
- B at A1　模型法における授業前後の単純主効果
- B at A2　映像法における授業前後の単純主効果
- B at A3　PC法における授業前後の単純主効果

4-6 2要因混合計画の分散分析：交互作用が有意

グラフとあわせてみると、以下のことがわかります。

S.V	SS	df	MS	F	
A at B1	0.7272	2	0.3636	0.76	ns
A at B2	16.2424	2	8.1212	17.05	**

学習法の単純主効果は、事前では有意ではないが、事後では有意である。
↓
学習法は3種類なので、多重比較に進む！

S.V	SS	df	MS	F	
B at A1	1.6364	1	1.6364	8.59	*
B at A2	14.7273	1	14.7273	77.32	**
B at A3	18.1818	1	18.1818	95.45	**

授業前後の単純主効果は、すべての学習方法で有意である。
↓
事前テスト＜事後テスト

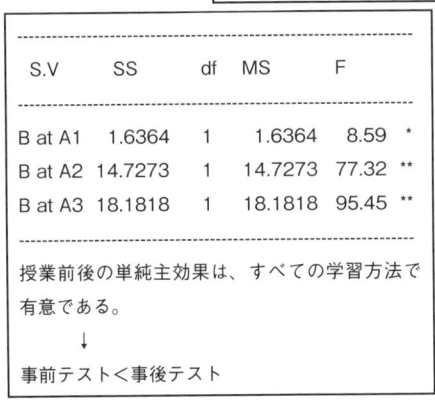

　事後テストにおいて3群の平均点に差があるということはわかりましたが、どの群間に差があるのかは交互作用の分析表からはわかりません。そこで、次に多重比較の表を見ます。

```
== Multiple Comparisons by Holm ==

A at B2 Level   ←事後テストにおける学習法の単純主効果の多重比較
 (MSe = 0.4762, * p<.05)
-----------------------------------------------------------------
  A1    <    A2   *     (alpha'= 0.0250)
  A1    <    A3   *     (alpha'= 0.0167)
  A2    =    A3   n.s.  (alpha'= 0.0500)
```

多重比較の結果を読み解くと、次のようになります。

・模型法　＜　映像法　：模型法より映像法の平均が有意に大きい
・模型法　＜　PC法　：模型法よりPC法の平均が有意に大きい
・映像法　＝　PC法　：映像法とPC法の平均間に有意差はない

　誤差の平均平方（MSe）の値は、結果に記述しなければなりません。結果の書き方を参照してください（丸数字は出力との対応を示す）。

● **結果の書き方**

学習法（3）×授業前後（2）により立体図形の理解度を調べた。

学習方法	模型群		映像群		PC群	
テスト	事前	事後	事前	事後	事前	事後
N	3	3	4	4	3	3
Mean	3.67	4.67	4.00	7.00	4.33	7.67
S.D.	0.47	0.47	0.70	0.70	0.47	0.47

　表は、各学習法の授業前後における理解度テストの平均と標準偏差を示したものである。
　分散分析を行った結果、交互作用が有意であった（F(2,7) = 13.68, p<.01）①。
　そこで、事前事後別に学習法の単純主効果を検定したところ、事前テストでは有意でなかったが（F<1）②、事後テストでは1%水準で有意だった（F(2,7) = 17.05, p<.01）③。
　Holm法を用いた多重比較の結果、事後テストでは映像法とPC法の平均が模型法の平均よりも有意に大きく（MSe = 0.4762, p<.05）④、映像法とPC法の平均間の差は有意でなかった。
　また、学習法別に授業前後の単純主効果を検定したところ、模型法では5%水準で有意であり（F(1,7) = 8.59, p<.05）⑤、映像法とPC法では1%水準で有意だった（映像法：F(1,7) = 77.32⑥、PC法：F(1,7) = 95.45⑦、共にp<.01 ⑥⑦）。

したがって、3つの学習法はどれも立体図形の理解を促進するが、模型法より映像法とPC法の促進効果が一段高いといえる。

▼ 図4-6-2　js-STARの出力結果と、結果の書き方との対応

```
== Analysis of Variance ==
A(3) = 学習法
B(2) = 授業前後
----------------------------------------------
S.V           SS        df       MS        F
----------------------------------------------
A           11.7576      2     5.8788     7.72  *
subj         5.3333      7     0.7619
----------------------------------------------
B           29.3333      1    29.3333   154.00 **
AxB          5.2121      2     2.6061    13.68 **  ①
sxB          1.3333      7     0.1905
----------------------------------------------
Total       52.9697     19    + p<.10 * p<.05 ** p<.01

== Analysis of AxB Interaction ==
       S.V        SS      df      MS        F
----------------------------------------------
A  at B1:    0.7273      2    0.3636    0.76 ns  ②
(subj at B1: 3.3333      7    0.4762 )

A  at B2:   16.2424      2    8.1212   17.05 **  ③
(subj at B2: 3.3333      7    0.4762 )

B  at A1:    1.6364      1    1.6364    8.59  *  ⑤
B  at A2:   14.7273      1   14.7273   77.32 **  ⑥
B  at A3:   18.1818      1   18.1818   95.45 **  ⑦
(   sxB     1.3333      7    0.1905
----------------------------------------------

== Multiple Comparisons by Holm ==
A at B2 Level
(MSe= 0.4762, * p<.05)  ④
----------------------------------------------
A1  <  A2   *     (alpha'= 0.0250)
A1  <  A3   *     (alpha'= 0.0167)
A2  =  A3   n.s.  (alpha'= 0.0500)
```

● 解説

　2要因以上の実験計画において、一方の要因が他方の要因に及ぼす影響の「大きさ」または「方向」が一様でないとき、「交互作用がある」といいます。

　この例の映像群とPC群の事前・事後の平均差は、ほとんど同じです（映像群 4.00 → 7.00, PC群 4.33 → 7.67）。つまり、図4-6-3のグラフⒶのように（各群をG1・G2と簡略化しています）、群の要因に対する事前・事後要因の影響の大きさ（矢印の長さ）と影響の方向（矢印の向き）が同じになっています。このような場合、交互作用はありません。2本のグラフは平行になります。

　他のパターンをグラフⒷとグラフⒸで見てみましょう。

▼ 図4-6-3　事前と事後で交互作用を確認する①

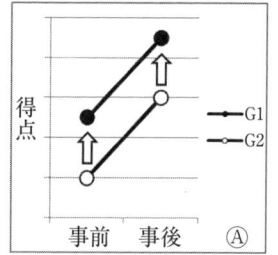

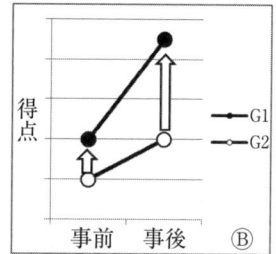

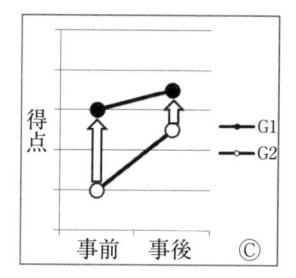

　グラフⒷは、事前では差が小さく、事後では差が大きくなっています。つまり、一方の要因が他方の要因に及ぼす影響の「大きさ」が一様ではありませんので、交互作用があります。このような場合には、2つのグラフが平行にはなりません。

　グラフⒷの場合は、事前には群間に差はなかったのですが、事後にG1は大きく伸びたのに、G2はそれほど伸びなかったことがわかります。この場合、グラフを延長すると交差します。それが交互作用の簡単な見つけ方です。

　グラフⒸの場合は、事前はG1に比べてG2がよくなかったのですが、事後にG1はそれほど伸びなかったのに、G2は大きく伸びたことがわかります。これも伸びの「大きさ」が一様でない交互作用です。

この例題で取り上げた例は、学習法による効果を検証するものですから、事前テストと比べて事後テストの成績が高くなるのは当然です。

しかし、「効果があった＝高くなる」ではありません。例えば、患者に対して薬を投与した結果、「痛みが減少した」とします。あるいは、震災で不安を感じている児童生徒に対してカウンセリングを実施した結果、「不安が減少した」など、数値が下がることで効果を証明したい場合もあります。このような場合には、図4-6-4のようなグラフが考えられます。

▼ 図4-6-4　事前と事後で交互作用を確認する②

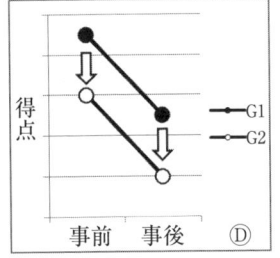

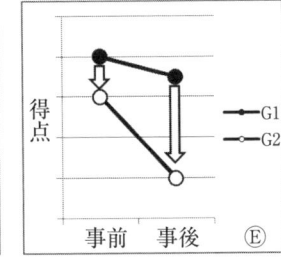

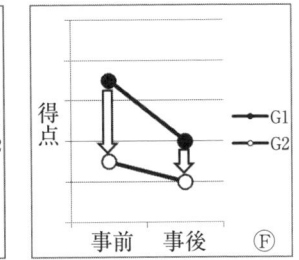

グラフⒹは、2群で事前と事後の平均点の差が同じです。つまり、一方の要因が他方の要因に及ぼす影響の「大きさ」と「方向」が同じですので、交互作用はありません。グラフⒺとⒻは、一方の要因が他方の要因に及ぼす影響の「大きさ」が一様ではありませんので、交互作用があります。

今までの例は、一方の要因が他方の要因に及ぼす影響の「方向」は同じで「大きさ」が違っていました。「方向」が違う場合は、次ページ図4-6-5のように2つのグラフが直接に交差します。G1は増加したのにG2は減少した、というように、一方の要因が他方の要因に及ぼす影響が全く反対に働いたと考えることができます。

このように交互作用は、様々な場合が考えられます。平均のグラフを描いてみると、視覚的にわかりやすいでしょう。

▼ 図4-6-5　事前と事後で交互作用を確認する③

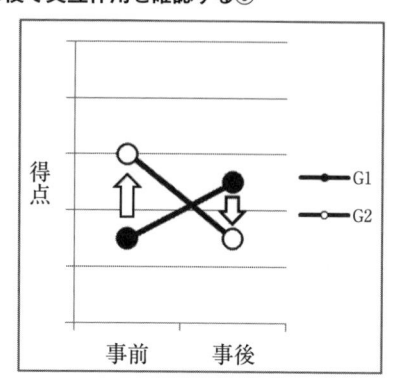

練習問題13　さらに別のデータで判断する

例題17を、さらに別のデータ（次ページ表4-6-6）で判断してみましょう。

（解答はp.204）

・2要因混合計画（AsBタイプ）
・第1要因名：学習法（任意）
・水準数：3（模型法、映像法、PC法）
・第1水準参加者数：3
・第2水準参加者数：4
・第3水準参加者数：3
・第2要因名：授業前後（任意）
・水準数：2（事前、事後）

練習問題14　理科の3分野において男女の理解に差があるか

生物、物理、地学の3分野で、理科のテストを実施しました（各分野20点満点。表4-6-7）。男女間の理解度に差があるといえるでしょうか？

（解答はp.204）

4-6 2要因混合計画の分散分析：交互作用が有意

- 2要因混合計画（AsB タイプ）
- 第1要因名：性別（任意）
- 水準数：2（男子、女子）
- 第1水準参加者数：5
- 第2水準参加者数：5
- 第2要因名：テストの分野（任意）
- 水準数：3（生物、物理、地学）

▼ 表4-6-6　さらに別のデータで分析

学習法（A）	参加者（s）	授業前後（B）	
		事前（B1）	事後（B2）
模型法（A1）	生徒1	4	4
	生徒2	3	4
	生徒3	4	5
映像法（A2）	生徒4	5	7
	生徒5	4	6
	生徒6	3	5
	生徒7	4	7
PC法（A3）	生徒8	4	7
	生徒9	5	8
	生徒10	4	8

▼ 表4-6-7　男女別のテスト結果

性別（A）	参加者（s）	テストの分野（B）		
		生物（B1）	物理（B2）	地学（B3）
男子（A1）	生徒1	11	12	13
	生徒2	12	13	12
	生徒3	13	15	11
	生徒4	10	13	14
	生徒5	9	14	12
女子（A2）	生徒6	15	12	13
	生徒7	13	11	10
	生徒8	14	12	13
	生徒9	15	11	14
	生徒10	14	9	11

▶コラム 恋愛と交互作用

　昔の中学生の恋の告白といえば、下駄箱にラブレターでしたが、今どきは携帯電話やEメールで行う場合が多いようですね。勉強、部活動、恋愛……。時は流れ、道具は変わっても、中学生の悩みは昔とそう変わりはありません。

　私の十数年間の中学校教師経験から、中学校では男子生徒に比べ、女子生徒のほうが定期テストの成績がよい傾向にあります。これは、女子生徒のほうが日頃からコツコツと真面目に予習や復習を行っているからではないかと考えられます。

　しかし、恋の季節になると、その事態に変化が訪れます。

　恋をした男子生徒の成績はみるみる上昇し、女子生徒の成績はあまり思わしくなくなってくるのです。特に、好きになった女子生徒の成績が自分よりもよい場合の男子生徒の上がり方は、目を見張るものがあったりします。何とも微笑ましいではありませんか。

（注：厳密な調査を行ったのではないので、本当のところ、交互作用があるのか証明できているわけではありません。）

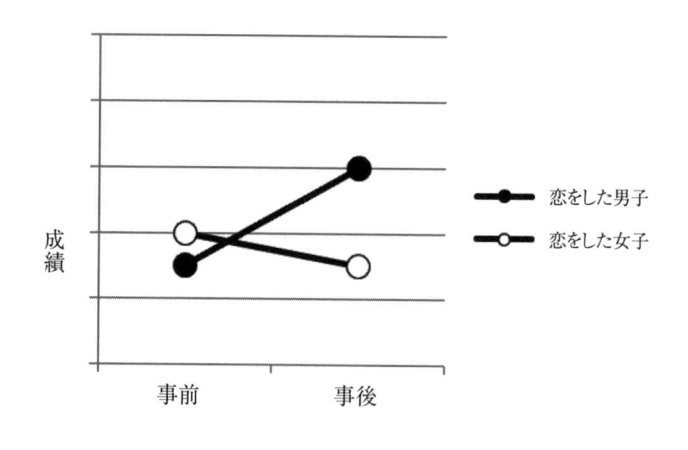

4-7
2要因混合計画の分散分析：合成得点をみる

　例題9のクラスアンケートでは、「自動集計検定2×2」を行った結果、「親切」と「まじめ」に共通性があることがわかりました。このように2項目間に共通性があると考えられる場合には、項目を併合して合成得点を求めることができます。

　次の例題18では、合成得点を使って、事前事後テスト法により、男女間で有意差があるか調べてみましょう。

例題18　合成得点を用いた例

　アンケート内容は例題9と同じです。1学期と2学期の2回、クラスの雰囲気についてアンケートを実施しました（表4-7-1）。

▼ 表4-7-1　アンケート結果（数値はアンケートの得点）

生徒	性別	1学期			2学期		
		親切	にぎやか	まじめ	親切	にぎやか	まじめ
生徒1	1	4	3	4	4	3	5
生徒2	1	4	3	5	4	4	4
生徒3	2	1	4	3	3	3	4
生徒4	1	5	3	5	4	3	5
生徒5	2	3	5	2	4	4	4
生徒6	1	5	4	4	5	4	5
生徒7	2	4	4	3	4	4	4
生徒8	1	5	3	5	5	3	4
生徒9	2	2	4	3	3	4	4
生徒10	2	4	3	4	4	3	4

ここで「親切」と「まじめ」を併合し「思いやり」として、1学期と2学期の合成得点を求めます（表4-7-2）。

▼ 表4-7-2 合成得点にまとめた結果

生徒	性別	1学期	2学期
生徒1	1	8	9
生徒2	1	9	8
生徒3	2	4	7
生徒4	1	10	9
生徒5	2	5	8
生徒6	1	9	10
生徒7	2	7	8
生徒8	1	10	9
生徒9	2	5	7
生徒10	2	8	8

次に、性別で並び替えると表4-7-3ができあがります。このデータで分散分析を行います。

▼ 表4-7-3 さらに性別でまとめた

性別（A）	生徒（s）	アンケート時期（B）	
		第1水準：1学期（B1）	第2水準：2学期（B2）
第1水準：男子（A1）	生徒1	8	9
	生徒2	9	8
	生徒4	10	9
	生徒6	9	10
	生徒8	10	9
第2水準：女子（A2）	生徒3	4	7
	生徒5	5	8
	生徒7	7	8
	生徒9	5	7
	生徒10	8	8

4-7 2要因混合計画の分散分析：合成得点をみる

● グラフ

▼ 図4-7-4　1学期と2学期における男女の平均点数

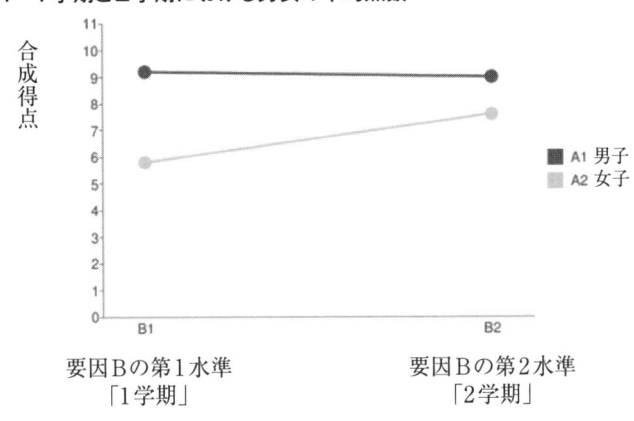

合成得点

■ A1 男子
■ A2 女子

要因Bの第1水準　　　　　　要因Bの第2水準
「1学期」　　　　　　　　　「2学期」

● 出力結果と見方

```
[ AsB-Type Design ]
== Mean & S.D. (SD=sqrt (Vtotal/N)) ==
A= 性別
B= アンケート時期
------------------------------------------------
A       B       N       Mean        S.D.

1       1       5       9.2000      0.7483
1       2       5       9.0000      0.6325
2       1       5       5.8000      1.4697
2       2       5       7.6000      0.4899
------------------------------------------------


== Analysis of Variance ==
A (2) = 性別
B (2) = アンケート時期
------------------------------------------------
S.V     SS          df      MS      F
------------------------------------------------
A       28.8000     1       28.8000 20.95   **
```

（次ページに続く）

```
subj      11.0000   8        1.3750
------------------------------------------------
B          3.2000   1        3.2000   4.41  +
AxB        5.0000   1        5.0000   6.90  *
sxB        5.8000   8        0.7250
------------------------------------------------
Total     53.8000  19       + p<.10  * p<.05  ** p<.01
```

　性別の主効果（A）は有意水準1％で有意、アンケート時期の主効果（B）は有意傾向、性別×アンケート時期の交互作用は有意水準5％で有意でした。

　交互作用が有意であった場合は、この表の主効果は見ないで、交互作用の分析表から単純主効果を見ます。

```
== Analysis of AxB Interaction ==
       S.V         SS          df         MS             F
------------------------------------------------------------
A at B1:        28.9000  ÷  1  =      28.9000   →  17.00   **
(subj at B1:    13.6000  ÷  8  =       1.7000 )

A at B2:         4.9000  ÷  1  =       4.9000   →  12.25   **
(subj at B2:     3.2000  ÷  8  =       0.4000 )

B at A1:         0.1000  ÷  1  =       0.1000   →   0.14   ns
B at A2:         8.1000  ÷  1  =       8.1000   →  11.17   *
(  sxB           5.8000  ÷  8  =       0.7250 )
```

　それぞれの項目は、以下の内容を示しています。

・A at B1：事前アンケートにおける性別の単純主効果　　有意水準1％で有意
・A at B2：事後アンケートにおける性別の単純主効果　　有意水準1％で有意
・B at A1：男子におけるアンケート時期の単純主効果　　有意差なし
・B at A2：女子におけるアンケート時期の単純主効果　　有意水準5％で有意

性別、アンケート時期ともに2水準ですので、多重比較は必要ありません。

● **結果の書き方**

アンケート項目の「親切」と「まじめ」の得点を合計して「思いやり」得点を構成した。

	男子		女子	
	1学期	2学期	1学期	2学期
N	5	5	5	5
Mean.	9.20	9.00	5.80	7.60
S.D.	0.75	0.63	1.47	0.49

表は、男女別の1学期と2学期における「思いやり」得点の平均と標準偏差を示したものである。

性別(2)×学期(2)の分散分析を行った結果、交互作用が有意であった($F_{(1,8)}$ = 6.90, p<.05) ①。

そこで、学期別に性別の単純主効果を検定したところ、1学期と2学期ともに1%水準で有意だった(1学期:$F_{(1,8)}$ = 17.00②、2学期:$F_{(1,8)}$ = 12.25③、共にp<.01②③)。

また、性別ごとに学期の単純主効果を検定したところ、男子では有意でなかったが(F<1)④、女子では5%水準で有意だった($F_{(1,8)}$ = 11.17, p<.05)⑤。

したがって、1学期は男女間で「思いやり」に対する受け止め方が大きく異なっていたが、2学期には1学期に比べてクラス内で女子が思いやりを感じるようになってきたと考えることができる。

結果の書き方で参照されている①②③…の数字と js-STAR における出力結果との対応は、次ページ図 4-7-5 の通りです。

▼ 図4-7-5　js-STARの出力結果と、結果の書き方との対応

```
== Analysis of Variance ==
A(2) = 性別
B(2) = アンケート時期
------------------------------------------------
S.V          SS         df      MS         F
------------------------------------------------
A           28.8000      1     28.8000    20.95 **
subj        11.0000      8      1.3750
------------------------------------------------
B            3.2000      1      3.2000     4.41 +
AxB          5.0000     [1]     5.0000    [ 6.90 * ] ①
sxB          5.8000     [8] ①   0.7250
------------------------------------------------
Total       53.8000     19    + p<.10   * p<.05   ** p<.01

== Analysis of AxB Interaction ==
         S.V         SS       df      MS         F
------------------------------------------------
A   at B1:     28.9000    [1]    28.9000   [17.00 **] ②
(subj at B1:   13.6000    [8] ②   1.7000 )
------------------------------------------------
A   at B2:      4.9000    [1]     4.9000   [12.25 **] ③
(subj at B2:    3.2000    [8] ③   0.4000 )
------------------------------------------------
B   at A1:      0.1000     1      0.1000   [ 0.14 ns] ④
B   at A2:      8.1000    [1]     8.1000   [11.17 * ] ⑤
(    sxB        5.8000    [8] ⑤   0.7250
------------------------------------------------
```

● 解説

　様々なアンケートが実施されていますが、各項目で度数を集計し、全体に対する％で示している場合が多いように思われます。また、実態を細かく把握しようとするあまり、アンケート項目が非常に多くなり、改善の視点が定まらないケースも見られます。

　そのような場合に「自動集計検定2×2」により2項目間に共通性があると考えられる場合には、項目を併合して合成得点を求めることができます。そして、合成得点を使って、分散分析をおこなうことにより、有意差があるかを調べることができます。

　大量のアンケートデータに埋もれてしまうより、すばやく改善策を見つけてアクションを起こすことこそが、重要なのではないでしょうか。

練習問題15　自然宿泊体験活動の効果を調べる

　3泊4日の自然宿泊体験を実施した群（体験学習群）と、ビデオや資料を用いて自然保護学習を実施した群（ビデオ学習群）、自然保護について調査発表学習を実施した群（調べ学習群）の3つの群において、直前と直後で同じアンケート調査を行いました（次ページ表4-7-6）。自然宿泊体験活動は自然保護活動を増加させる効果があったといえるでしょうか。（解答はp.205）

・分析データ：自然保護活動アンケート（「地域の清掃活動によく参加しますか？」など全5問の各4段階評定値を合計し得点化）
・2要因混合計画（AsBタイプ）
・第1要因名：学習法（任意）
・水準数：3（体験学習群、ビデオ学習群、調べ学習群）
・第1水準参加者数：4
・第2水準参加者数：4
・第3水準参加者数：3
・第2要因名：学習前後（任意）

・水準数：2（事前、事後）

▼ 表4-7-6　3つの群におけるアンケート結果

学習法（A）	参加者（s）	学習前後（B）	
		事前（B1）	事後（B2）
体験学習群 （A1）	生徒1	12	16
	生徒2	13	17
	生徒3	11	15
	生徒4	14	16
ビデオ学習群 （A2）	生徒5	10	11
	生徒6	11	12
	生徒7	13	14
	生徒8	11	11
調べ学習群 （A3）	生徒9	9	10
	生徒10	14	14
	生徒11	13	14

参考書籍

『クイック・データアナリシス　10秒でできる実践データ解析法』
　　　　　　　　　　　　　　　　田中敏・中野博幸 著、2004、新曜社
　名義尺度データを使ったノンパラメトリック検定の入門書です。直接確率計算1×2、2×2を使った分析の説明が中心です。js-STARや早見表を使ってすばやくデータを分析したい人におすすめです。
　　　　　　　　　　　　　　　　　　　　　　使用ソフト：js-STAR

『簡単にできるスポーツ・健康データの有意差検定と活用』
　　　　　　　　　　　　　　　　小浜明・宮本友弘 著、2004、学事出版
　スポーツテストや健康診断のデータ分析の実践的入門書です。クイック・データアナリシスと同じように名義尺度データを使い、スポーツや健康データに特化してわかりやすくまとめてあります。オッズ比の使い方もあります。
　　　　　　　　　　　　　　　　　　　　　　使用ソフト：js-STAR

『ビギナーに役立つ統計学のワンポイントレッスン』
　　　　　　　　　　　　　　　丸山健夫 著、2008、日科技連出版社
　様々な統計用語をわかりやすく事例で解説しています。最低限の数式で具体的な計算方法を説明してあります。ビギナー向けですが、一度統計学を勉強して用語を聞いたことがある人の再学習によいでしょう。

『統計学がわかる』
　　　　　　　　　　　　　向後千春、冨永敦子 著、2007、技術評論社
　ハンバーガーショップを舞台にした物語仕立ての統計学入門書です。基本統計量、t検定、分散分析についての事例がわかりやすく書かれています。
　　　　　　　　　　　　　　　　　　　　　　使用ソフト：エクセル

参考書籍

『実践心理データ解析　問題の発想・データ処理・論文の作成（改訂版）』

田中敏 著、2006、新曜社

　豊富な研究事例をもとに、実際に js-STAR でデータを入力し分析した出力結果から、論文の記述をどう書けばよいかについて、詳しく説明されています。直接確率計算、カイ二乗検定、分散分析、相関分析、因子分析（SASを使用）など、分析手法も多様です。　　　使用ソフト：js-STAR、SAS

『ユーザーのための教育・心理統計と実験計画法　方法の理解から論文の書き方まで』

田中敏・山際勇一郎 著、1992、教育出版

　実践心理データ解析と同じく、豊富な事例をもとに、論文の書き方を詳しく説明しています。検定などにおける計算はソフトを使わず、数式による具体的な方法が示されています。論文の書き方だけでなく、検定統計量などの具体的な求め方について理解したい方にもおすすめです。

『統計的多重比較法の基礎』

永田靖・吉田道弘 著、1997、サイエンティスト社

　多重比較法についてこれ以上ないというほど詳しく説明してあります。理論的な説明だけでなく、実施手順がわかりやすく書かれているので、それぞれの方法の違いがよく理解できます。

あとがき①
データ分析の原点

　今回、js-STAR の専用ガイドを出版する機会を与えていただきましたことは誠にうれしいことです。これはわたしが作った当時の MSX-STAR では到底実現しえなかったことでしょう。それほど、js-STAR はインターフェイスデザインとその操作性がすばらしく、わたし自身、手持ちのプログラムを使うことをまったく止めてしまいました。

　最も大きな違いは、初期の STAR は大学の内に留まっていましたが、js-STAR は大学の外に出て働くことができるという点です。それが何よりの喜びです。事実、わたしのゼミの出身者諸氏が卒業・修了後に懐かしく訪ねて来たとき、「今はもう（STAR を）使うことはないですよ」という話を聞くときほど悲しいことはありませんでした。しかし、js-STAR が世に出てからは、訪ねて来なくても「こんなデータは（STAR を使って）どうすればいいですか」と質問がくるようになりました。

　そうした、js-STAR の浸透と歩を合わせるように、わたしは「仮説検証型」と「探索発見型」の研究を明確に区別するようになりました。この違いは統計的有意水準の違いとして以前からありましたが、わたしが意図したことは、大学にいるときの研究と、大学を出て社会の各種の産業現場で仕事をするときの研究の違いです。

　それまで、わたしは統計的検定について有意水準5％を厳格に守ってきましたが、それは"大学内"の研究の"最終段階"でよいと思えるようになりました。大学は永久不変の知識をつくり出すところです。したがって、間違っても偶然の事象を知識として認じることがあってはなりません。しかしながら、社会の教育場面をはじめ各種産業場面では、現実に直面する事件や近未来の事態に対処していますから、有望な改善の可能性や悪化の危険性を見逃すことこそが、（可能な限り）絶対にあってはならないことです。大学の内なら何度でもやり直しがききますが、社会の中では「取り返しがつかない」ことになります。希望の未来が二度と戻ることはなく、悪夢のような危

機が現実に起こってしまいます。

　その意味で、js-STAR が大学の外に出ていくようになったとき、それに連れて、これまでの大学内の学術上の基準もそのまま大学の外に出ていってしまってよいものだろうかと強く疑問をもつようになりました。この疑問への一つの解答が、筆者たちの前著『クイック・データアナリシス』（田中敏・中野博幸 著、新曜社）です。そこでは学術上の証明ではなく、実用上の改善・開発・危機管理の判定には有意水準を 15％に設定することをすすめています（学術的にいえば $\alpha = 0.15$ は有意差の検出力 $(1 - \beta) = 0.8$ を基準として算定した一つの目安です）。

　そして本書はもう一つの解答、すなわち「大学内の方法を大学の外でそのまま用いてよいか」という疑問に対する、さらに直接的な解答を意図しています。

　統計分析の手法の理解とその利用は、よく自動車の仕組みと運転の理解にたとえられます。自動車のアクセル、ブレーキ、ハンドルはどんな仕組みなのかを学ぶことと、それらを操って自動車をどうやって運転するのかを学ぶこととは別のことであると……。もちろん両者は無関連ではないのですが、明らかに別次元の内容です。

　この比喩でいえば、自動車のメカの専門家はその知識の、運転場面での使い勝手を学ぶべきであり、当然またその逆もいえるでしょう。

　しかしながら、実はわたしたちは、そこからもっと先のところを見ています。アクセル、ブレーキ、ハンドルの仕組みを習得することは大切ですし、それらを実際に操って車をどう運転するかを習得することも大切です。しかし、さらにその先です。すなわち、そうやって車を運転して、わたしたちは一体どこに行くことができるのか！

　その見本を示そうというのが筆者らの本意です。ある観測値の「％が下がった」というとき、では今までの取り組みを見直すべきなのか・どうなのか、そうした現実場面での判断に統計的・確率論的な検定をいかに結びつけたらよいか。それが本書に掲載したすべての例題に通底するテーマなのです。

かつて「道具が意識をつくる」と書いたことがあります。おそらく誰かある哲学者の言の借用でしょうが、js-STAR はまさにその実例として、わたし自身に上述のような統計分析のポリシーを創り出してくれた気がします。
　道具は所詮道具にすぎない――（この道具を使って何ができるのか）、このポリシーをどこまで徹底できるかが、js-STAR の今後の普及を決めるものと自認しています。その意味で、わたしたちが目指すことは道具自体の開発ではなく、研究意識の開発であり、望むものは人間と社会に関する優れた認識と改善であることは、js-STAR の当初から今日まで変わらぬデータ分析の原点です。

2012 年 3 月　田中　敏

あとがき②
星に願いを　－東北地方の一日も早い復興を祈念して－

　大学の一室で js-STAR の新しい機能をプログラミングしていたとき、くらっというめまいにも似た感じが私を襲いました。急な体調不良か？　と思った矢先、コンクリートの建物がカタカタと音を立てるのを聞き、地震とわかりました。あまりに大きな揺れが長く続くことから、日本のどこかでとんでもないことが起きていると直感しました。スマートフォンで情報を調べていた学生が、震源地は三陸沖と教えてくれました。平成 23 年 3 月 11 日、東日本大震災発生でした。
　その後、帰宅してから TV で見た津波の様子、福島原子力発電所での災害は、私の想像をはるかに超えていました。しばらくは何もやる気が起きず、js-STAR の開発、この本の執筆も投げ出してしまったほどです。
　世界一の原子力発電所が立地し、中越沖地震が発生した土地に住む人間として、今回のこの東日本大震災は他人ごとではなく大変身近な恐怖として感

じたからです。それは、中越沖地震のときにはなかったものでした。

　そんな中で、大きな災害の中でも相手を思いやり前向きに生活しようとする多くの日本人の姿に心を打たれました。また、6月に仙台市内で津波被害の瓦礫撤去ボランティアに自分自身が参加して、自分のできることを考え、行動しようと思うようになりました。そしてようやく、8月になり本格的にこの本の執筆を再開することができたのです。

　私は、現在、大学に勤務していますが、もともと中学校の数学の教員です。生徒に新しい概念を学ばせるのに大切にしていることがあります。学生時代に恩師から「二等辺三角形の概念を理解させるためには、二等辺三角形だけをたくさん示してもダメである。不等辺三角形を示して、はじめて二等辺三角形が理解できる。」と教えられたことです。

　今まで読んだ統計分析の本では、有意差を説明するとき、有意差のある例のみが示されていて、有意差のない例が示されていることはほとんどありませんでした。実際の現実場面では、「ない」ということのほうがはるかに多いはずなのに……。そこで本書の執筆では、「有意差のある・ない」「相関関係のある・ない」「交互作用のある・ない」など、「ある」ことと対比して「ない」事例も示して説明することを意識しました。

　その結果、統計初学者だけでなく、中級以上を目指す方々にも、理解しやすい内容になったのではないかと思います。

　js-STAR（旧 JavaScript-STAR）がこの世に初めて出たのは1997年です。それまで、幾度となくバージョンアップを行ってきましたが、今回、この本の執筆と同時に最大のバージョンアップを行いました。

　1つめは、多重比較アルゴリズムの追加です。開発当初から、多くのユーザーから要望があった機能でしたが、詳しいアルゴリズムがわからなかったことや、私自身の力量不足で断念していました。今回、「テューキーのHSD法」「ボンフェローニ法」「ホルム法」という3種類の多重比較法を実装できたことで、選択の幅が格段に広がったと思います。

2つめは、各種ユーティリティの充実です。統計を難しいと感じる人には、コンピュータそのものの操作も苦手な人が多いように思います。コンピュータが壁となって、データ分析に踏み込めないのは、とてももったいないことです。そこで、データ処理でよく使われるアンケートの単独集計やクロス集計などのユーティリティを充実させました。

　3つめは、ユーザーインターフェースの改善です。開発当初に比べ、Webブラウザを利用したアプリケーションが格段に進歩しました。そのおかげで、デスクトップアプリケーションと同じようなユーザーインターフェースが、Webブラウザにおけるアプリケーションでも実現できるようになりました。シンプルな画面構成で、必要な機能しか画面に表示されませんので、誰にでも簡単に使えます。

　「道具が意識をつくる」と田中先生が書かれていますが、今回のバージョンアップで、使い込んだ万年筆のような、そんな手に馴染むツールになったのではないかと思っています。それは、とりもなおさず、js-STARの一番のヘビーユーザーが私たち開発者自身であり、利用者目線で日々改善を行っているからです。

　STARの原作者である田中敏先生、忙しいスケジュールの中で筆者の無理を調整していただいた技術評論社の佐藤丈樹さん、そして、執筆を温かく励ましてくれた家族、関係者一同の協力なくして、この本は世に出なかったと思います。これからの日本の長い歴史の中で永遠に語り継がれるであろう平成23年に、このような本を執筆する機会を与えていただいたことに感謝します。

　最後に、東北地方の一日も早い復興を願っております。

2012年3月　中野博幸

練習問題の解答

練習問題1（p.41）

● クラスの合計人数は24名で変わらない場合

ハイ（人）	イイエ（人）	ハイ（％）	イイエ（％）	偶然確率（片側確率）	検定
21	3	88%	13%	p=0.0001	** （p<.01）
20	4	83%	17%	p=0.0008	** （p<.01）
19	5	79%	21%	p=0.0033	** （p<.01）
18	6	75%	25%	p=0.0113	* （p<.05）
17	7	71%	29%	p=0.0320	* （p<.05）
16	8	67%	33%	p=0.0758	+ （.05<p<.10）
15	9	63%	38%	p=0.1537	ns （.10<p）
14	10	58%	42%	p=0.2706	ns （.10<p）

● 合計人数は違うが、ハイとイイエの比率は同じ場合

ハイ（人）	イイエ（人）	ハイ（％）	イイエ（％）	偶然確率（片側確率）	検定
26	13	67%	33%	p=0.0266	* （p<.05）
24	12	67%	33%	p=0.0326	* （p<.05）
22	11	67%	33%	p=0.0401	* （p<.05）
20	10	67%	33%	p=0.0494	* （p<.05）
18	9	67%	33%	p=0.0610	+ （.05<p<.10）
16	8	67%	33%	p=0.0758	+ （.05<p<.10）
14	7	67%	33%	p=0.0946	+ （.05<p<.10）
12	6	67%	33%	p=0.1189	ns （.10<p）
10	5	67%	33%	p=0.1509	ns （.10<p）
8	4	67%	33%	p=0.1938	ns （.10<p）
6	3	67%	33%	p=0.2539	ns （.10<p）

練習問題2 (p.50)

Q1 同分母分数のたし算をする　　　p=0.3165　ns（.10<p）（片側確率)
Q2 三角形の面積を求める　　　　　p=0.1168　ns（.10<p）（片側確率)
Q3 全体人数から男女の割合を求める　p=0.0395　＊　（p<.05）（片側確率)

　以上のことから、有意水準15％で判定した場合、復習した方がよい内容は、「Q2 三角形の面積」と「Q3 男女の割合」と考えることができる。

練習問題3 (p.58)

【結果の書き方】

ICTを活用した授業力向上セミナーを実施し、参加回数とセミナーに対する満足度を調査した。直接確率計算を行った結果、有意水準1％で有意だった（p=0.0023、片側検定）。したがって、セミナーに対して満足していると答えた人数は、初参加者に比べ数回参加者は少なくなっており、内容がマンネリ化していると考えられる。

練習問題4 (p.80)

【結果の書き方】

全校生徒に寝つきについて調査した。カイ二乗検定を行った結果、学年間の人数の差が有意水準5％で有意だった（$\chi^2(5) = 14.894, p<.05$）。

▼ 調整された残差

	よい	わるい
小学1年	2.738 **	− 2.738 **
小学2年	1.441 ns	− 1.441 ns
小学3年	− 0.318 ns	0.318 ns
小学4年	− 2.426 *	2.426 *
小学5年	0.268 ns	− 0.268 ns
小学6年	− 1.383 ns	1.383 ns

+ p<.10　* p<.05　** p<.01

残差分析の結果（先の「調整された残差」の表を掲載する）、寝つきがよいが4年生では有意に少なく、1年生では有意に多かった。

練習問題5（p.81）

【結果の書き方】

球技大会の種目について、全校生徒にアンケートを行った。カイ二乗検定を行った結果、人数の偏りが有意水準1%で有意だった（$\chi^2(2) = 15.776, p<.01$）。

▼ 調整された残差

	サッカー	バレーボール	バスケットボール
男子	− 2.890 **	− 1.152 ns	3.900 **
女子	2.890 **	1.152 ns	− 3.900 **

+ p<.10 * p<.05 ** p<.01

残差分析の結果（上の「調整された残差」の表を掲載する）、男子はバスケットボール、女子はサッカーを選んだ人数が有意に多く、逆に男子はサッカー、女子はバスケットボールを選んだ人数が有意に少なかった。

練習問題6（p.119）

【結果の書き方】

国語と数学の得点の関係を見るために、相関係数を計算した。その結果、国語と数学の得点の間には、有意な相関は認められなかった（r=0.116, F=0.11, df1=1, df2=8, ns）。

練習問題7（p.120）

【結果の書き方】

家庭学習時間とTVゲーム時間の関係を見るために、相関係数を計算した。その結果、家庭学習時間とTVゲーム時間の間には、有意水準5%で有意な負の相関が認められた（r=− 0.649, F=5.81, df1=1, df2=8, p<.05）。相関の強さは中程度以上といえる。

練習問題8（p.150）

【結果の書き方】
バスケットボールのフリースローで、レギュラーと控え選手で成功数を調べた。分散分析を行った結果、有意ではなかった（$F_{(1,8)}$ =1.21, ns）。

練習問題9（p.151）

【結果の書き方】
数学テストを行い、男女の得点を調べた。分散分析を行った結果、群の効果が有意水準5%で有意だった（$F_{(1,14)}$ =4.74, p<.05）。

練習問題10（p.159）

【結果の書き方】
中間テストにおける、3クラスの得点を調べた。分散分析を行った結果、群の効果が有意だった（$F_{(2,26)}$ = 3.77, p<.05）。
HSD法を用いた多重比較によると、1組の平均が3組の平均よりも有意に高かった（MSe=120.20, p<.05）。
しかし、1組と2組、2組と3組の間の平均の差は有意ではなかった。

練習問題11（p.165）

【結果の書き方】
午前と午後で百ます計算を実施した。分散分析を行った結果、群の効果は、有意傾向だった（$F_{(1,9)}$ = 3.60, .05<p<.10）。

練習問題12（p.166）

【結果の書き方】
宿泊体験での活動は社会性の向上に効果があったか、社会性アンケートを用いて調査した。分散分析を行った結果、群の効果が有意水準1%で有意だった（$F_{(1,9)}$ = 22.42, p<.01）。

練習問題13 (p.182)

【結果の書き方】

　学習法（3）×事前事後テスト（2）により立体図形の理解度を調べた。分散分析を行った結果、交互作用が有意水準1％で有意であった（$F_{(2,7)} = 19.78$, $p<.01$）。

　そこで、事前事後別に学習法の単純主効果を検定したところ、事前テストでは有意でなかったが（$F<1$）、事後テストでは有意水準1％で有意だった（$F_{(2,7)} =15.70$, $p<.01$）。

　Holm法を用いた多重比較の結果、事後テストでは模型法＜映像法＜PC法の順に有意差があった（$MSe= 0.5833$, $p<.05$）。

　また、学習法別に事前事後の単純主効果を検定したところ、模型法では有意傾向であり（$F_{(1,7)} =4.89$, $.05<p<.10$）、映像法とPC法では有意水準1％で有意だった（映像法：$F_{(1,7)} =55.67$, PC法：$F_{(1,7)} =122.18$, 共に$p<.01$）。

　したがって、3つの学習法は立体図形の理解度を促進するが、模型法より映像法、映像法よりPC法の促進効果が一段高いといえる。

練習問題14 (p.182)

【結果の書き方】

　性別（2）×分野（3）により理科の学習内容の理解度を調べた。

　分散分析を行った結果、交互作用が有意水準1％で有意であった（$F_{(2,16)} = 13.27$, $p<.01$）。

　そこで、分野ごとに男女別の単純主効果を検定したところ、生物は有意水準1％で有意であり（$F_{(1,8)} =16.00$, $p<.01$）、物理は有意水準5％で有意であり（$F_{(1,8)} =10.29$, $p<.05$）、地学は有意ではなかった（$F<1$）。

　また、男女別に分野ごとの単純主効果を検定したところ、男子では有意水準5％で有意であり（$F_{(2,16)} =4.84$, $p<.05$）、女子では有意水準1％で有意だった（$F_{(2,16)} =8.71$, $p<.01$）。

Holm法を用いた多重比較の結果、男子では、物理が生物より有意に高く、物理と地学、生物と地学には有意な差がなかった。女子では、生物が物理と地学より有意に高く、物理と地学には有意な差がなかった（MSe=1.5000, p<.05）。

したがって、男女間で分野ごとの理解度に差がある。男子は女子に比べて物理がよく、女子は男子に比べて生物がよいことがわかった。

練習問題15（p.191）

【結果の書き方】

学習法（3）×事前事後テスト（2）により、自然保護活動アンケート結果を分析した。

分散分析を行った結果、交互作用が有意であった（$F_{(2,8)}$ = 16.95, p<.01）。

そこで、事前事後別に学習法の単純主効果を検定したところ、事前テストでは有意でなかったが（F<1）、事後テストでは有意水準5％で有意だった（$F_{(2,8)}$ = 7.09, p<.05）。

Holm法を用いた多重比較の結果、事後テストでは体験学習群の平均がビデオ学習群と調べ学習群の平均よりも有意に大きく、ビデオ学習群と調べ学習群の平均間の差は有意でなかった（MSe = 2.3333, p<.05）。

また、学習法別に事前事後の単純主効果を検定したところ、体験学習群が有意水準1％で有意であり（$F_{(1,8)}$ = 79.88, p<.01）、ビデオ学習群では有意傾向（$F_{(1,8)}$ = 3.67, .05<p<.10）、調べ学習群では有意でなかった（$F_{(1,8)}$ = 2.90, ns）。

したがって、体験学習群がビデオ学習群と調べ学習群より自然保護活動を増加させる効果が高いといえる。

索引

記号・数字・アルファベット

φ ··················· 56, 104
χ^2 ····················· 71
1人1行の鉄則 ··········· 113
As ················ 144, 152
AsB ·················· 167
Bonferroni法 ········ 142, 158
df ················· 118, 138
F比 ················ 117, 139
F分布 ·············· 118, 139
Holm法 ············· 142, 156
HSD法 ·········· 142, 155, 158
LSD法 ············· 141, 158
Mean ················· 140
MS ··················· 139
MSe ·················· 156
NA ···················· 91
ns ···················· 37
p値 ··················· 24
Q&A入力 ············· 16, 86
sA ··················· 160
S.D. ·················· 140
SS ··················· 138

ア・カ行

アンケート ······ 84, 89, 121, 185
エクセル ············· 81, 87
オッズ比 ············· 56, 66
回帰直線 ·············· 116
カイ二乗検定 ·········· 70, 83
カイ二乗値 ············· 71
カイ二乗分布 ············ 72
確率分布 ··············· 28

仮説検証型 ············· 28
片側確率 ·············· 29
片側検定 ·············· 29
危険率 ················ 24
期待値 ················ 70
帰無仮説 ·············· 32
偶然確率 ·············· 24
偶然誤差 ·········· 118, 137
クロス集計表 ············ 23
群 ··················· 130
結果エリア ············· 13
欠損値 ················ 91
決定係数 ············· 118
交互作用 ······· 170, 174, 180
合成得点 ············· 185
誤差の平均平方 ········ 156
混合計画 ·········· 161, 167

サ行

最頻値 ··············· 130
参加者 ··············· 112
参加者間計画 ······· 144, 152
参加者内計画 ·········· 160
残差分析 ·············· 80
散布図 ··············· 108
散布度 ··············· 132
実験計画法 ··········· 130
実測値 ················ 70
自動集計検定2×2 ····· 84, 95
従属変数 ············· 125
自由度 ········ 72, 118, 138
主効果 ··············· 170
信頼区間 ·············· 57

水準	145
正規分布	131
説明率	118
選択率	94
相関	108
相関関係	119
相関行列	125
相関係数	109
相関の強さ	110, 117
総分散	133

タ行

ダイアグラム	102, 126
対応	68, 160
代表値	130
対立仮説	32
多重比較	141, 152
タブメニュー	13
探索発見型	29, 40
単純主効果	176
単独集計ユーティリティ	89
中央値	130
調整された残差	78
直接確率計算	24, 83
データエリア	13
データマイニング	101
統計的検定	24
等散布性	110
度数	22
度数集計表	23

ハ行

外れ値	110
範囲	133, 134
ヒストグラム	132
標準偏差	133
標本	38, 135
標本比率	38
標本分散	135
不偏分散	135
分割表	23
分散	133, 138
分散分析	130, 138, 142
分散分析表	138
平均値	130
平均平方	139
偏差平方和	138
変数	98, 112
母集団	38, 135
母比率	38
母比率不等	44
母平均	135, 136

マ・ヤ・ラ行

マクネマー検定	68
無相関	108
メディアン	130, 132
モード	130, 131
目的変数	125
素データ	22
有意	29
有意確率	24
有意差	31
有意水準	29
有意性検定	57
要因	144
離散量	23
両側確率	29
両側検定	29
連関係数	56, 104
レンジ	133, 134
連続量	23

●著者プロフィール

中野 博幸（なかの ひろゆき）
所属:上越教育大学 学校教育実践研究センター 教授
専攻:数学教育、情報教育
著書:『クイック・データアナリシス』(新曜社)
E-mail: nappa@kisnet.or.jp
HP: http://www.kisnet.or.jp/nappa/

田中 敏（たなか さとし） 学術博士
所属:信州大学教育学部教授
専攻:言語心理学、教育心理学
著書:『実践心理データ解析 改訂版』『クイック・データアナリシス』(新曜社)など。
E-mail: tanasato@shinshu-u.ac.jp

●書籍サポートページ
http://gihyo.jp/book/2012/978-4-7741-5019-2/support

本書へのご意見、ご感想は、以下のあて先で、書面またはFAXにてお受けいたします。電話でのお問い合わせにはお答えいたしかねますので、あらかじめご了承ください。また、本書の内容をこえる質問についてはお答えできません。

〒162-0846
東京都新宿区市谷左内町21-13
株式会社技術評論社
書籍編集部『js-STAR統計』係
FAX 03-3267-2269

●カバーデザイン
　下野剛(tsuyoshi graphics)
●本文デザイン・レイアウト
　逸見育子

フリーソフトjs-STARで かんたん 統計データ分析

2012年　4月25日　初　版　第1刷発行
2025年　1月24日　初　版　第5刷発行

著　者　中野 博幸、田中 敏
発行者　片岡 巌
発行所　株式会社技術評論社
　　　　東京都新宿区市谷左内町21-13
　　　　電話　03-3513-6150　販売促進部
　　　　　　　03-3267-2272　書籍編集部
印刷／製本　昭和情報プロセス株式会社

定価はカバーに表示してあります。

本書の一部または全部を著作権法の定める範囲を越え、無断で複写、複製、転載、テープ化、ファイルに落とすことを禁じます。

©2012　中野 博幸、田中 敏

造本には細心の注意を払っておりますが、万一、乱丁(ページの乱れ)や落丁(ページの抜け)がございましたら、小社販売促進部までお送りください。送料小社負担にてお取り替えいたします。

ISBN 978-4-7741-5019-2 C3055
Printed in Japan